分析の現場めぐり1

自動車の排ガス

年々厳しくなる性能への要求。排ガスの分析は、見えないところでものづくりを支えています。

測定装置が並ぶ大型施設での駆動試験

自動車を連続運転して排ガス中の粒子状物質や気体を採取・分析する

赤外分光光度計（P.106）を組み込んだ測定装置
窒素酸化物、二酸化炭素、アンモニアなど最大28成分の濃度を連続測定可能

モニター画面
データ処理にはフーリエ変換（P.114）が利用されている

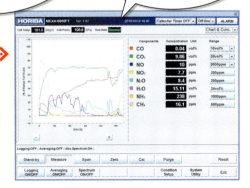

画像提供　株式会社堀場製作所

分析の現場めぐり2

河川水の水質調査

河川は利用目的によって水質の基準が定められています。分析化学を学ぶ学生たちが水質を調査して公表する取り組みが、10年以上継続して行われています。

水の都・大阪を流れる道頓堀川
スポーツイベントに連動した「飛び込み」が起こって水質が問題になることもある

バンドーン採水器（P.58）による戎橋からの採水
水面に近づくことなく川の中央付近の水を採取できる

BOD（生物化学的酸素要求量、P.89）の測定
前処理した試料水を培養びんに入れて20℃、5日間培養した後に測定

DO（溶存酸素量）の測定
ウインクラー-アジ化ナトリウム法（P.86）による滴定

大腸菌群数測定（MPN法）
この他にpHも測定し、環境省が定める基準（道頓堀川はB類型河川）と比較する

画像提供　学校法人・専修学校　日本分析化学専門学校

分析の現場めぐり3

化粧品・医薬部外品の成分

化粧品に配合してもよい成分は医薬品医療機器法に基づく「化粧品基準」で定められています。クリームや乳液などの前処理はちょっとやっかいです。

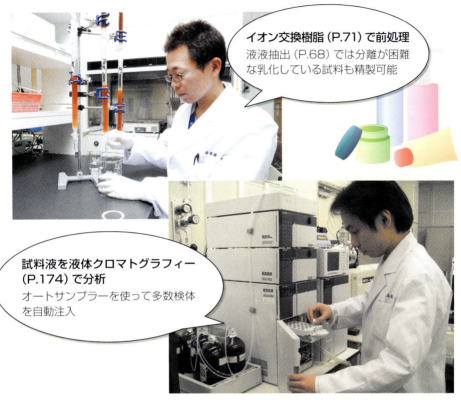

イオン交換樹脂（P.71）で前処理
液液抽出（P.68）では分離が困難な乳化している試料も精製可能

試料液を液体クロマトグラフィー（P.174）で分析
オートサンプラーを使って多数検体を自動注入

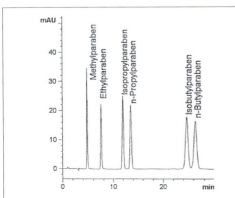

化粧品成分として使用される保存料のクロマトグラム例
逆相分配カラム（P.176）を用いて254 nmの紫外線の吸収により検出した例

分析画像提供
　株式会社日本医学臨床検査研究所
　医薬香粧品分析事業部
データ画像提供
　アジレント・テクノロジー株式会社

土壌の調査

土地を安心して利用するために、土壌中の有害成分の調査が行われています。試料の採取法は法令で定められています。

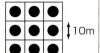

有害物質取扱いあり
100m²に1箇所 ↕10m

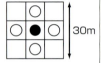

有害物質取扱いなし
900m²に1箇所 ↕30m

被覆部を除去する

表層土壌を採取する

土壌ガスを採取する
深さ0.8～1.0m付近の地中の空気（土壌ガス）を採取して揮発性有機化合物を分析する

画像提供　ジオテック株式会社

有害成分の分析
土壌中のカドミウム、鉛などの重金属は原子吸光光度計（右写真、P.118）で、農薬や揮発性有機化合物はガスクロマトグラフ質量分析計（P.170）で分析する

装置画像提供　株式会社日立ハイテクサイエンス

分析の現場めぐり5

食品中の放射性物質

汚染の指標として放射性セシウムを分析します。食品の種類ごとに洗浄方法や採取部位が決められています。

包丁でカットしてフードプロセッサで細切（さいせつ）する

ポリ袋をセットしたマリネリ容器（P.214）に試料を入れ、標線まで詰める

ゲルマニウム半導体検出器（P.212）で測定する
測定時間例：2リットルのマリネリ容器で1時間

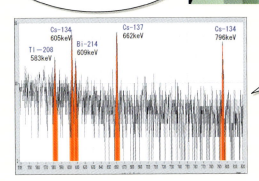

測定画面の例
^{137}Csと^{134}Csが放出するγ線を検出して定量する

分析画像提供　旭川市保健所衛生検査課
データ画像提供　株式会社テクノエーピー

イメージング分析の進展

電子材料などに含まれる物質の微細な分布状況を画像化する技術が進展しています。EPMA分析（P.138）では元素、ラマン分光法（P.112）では化合物の情報が得られます。

● EPMAによるLSIチップの導通不良原因解析

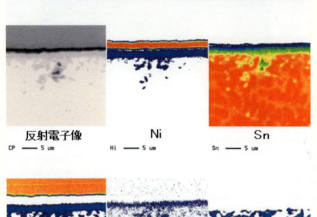

電子顕微鏡と波長分散型X線分析装置を組み合わせたEPMAで大規模集積回路（LSI）の不具合の原因を解析した例。はんだと電極の接合部にSn-Ni-Cu金属間化合物ができており、クラックが生じていることがわかった。

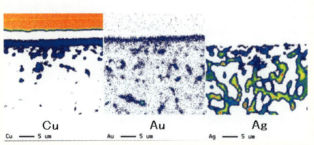

画像提供　富士通クオリティ・ラボ株式会社

● ラマン分光法でリチウムイオン電池の劣化状況を観察

充電と放電を繰り返すとリチウムイオン電池は劣化する。ラマン分光法は、より長寿命な電池の開発に役立っている。これはコバルト酸リチウム正極の充放電前後の様子。

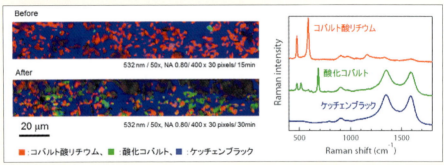

画像提供　ナノフォトン株式会社

カラー化するデータ

取得する情報量が増えるにつれて、特定の範囲に値が重なり、カラーでなければ表現しにくいデータが多くなっています。

● 水道水に含まれる可能性のある101農薬の一斉分析（LC/MS/MS）

超高速液体クロマトグラフィー（P.174）の普及で、多数の成分を一度に分離できるようになった。さらに、MS/MS（P.180）による検出イオンを色分けで示している。

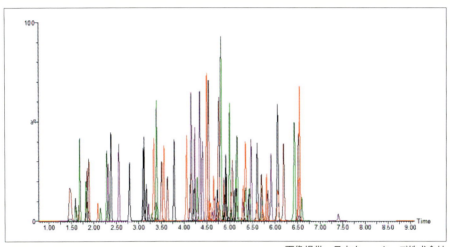

画像提供　日本ウォーターズ株式会社

● 缶コーヒーに含まれるカフェイン類の分析（PDA検出器による液体クロマトグラフィー）

紫外・可視部吸収スペクトルを三次元で表現したクロマトグラムから、各成分の含有状況を概観できる。さらに解析した結果、8分〜11分の範囲に3-カフェオイルキナ酸、カフェイン、カフェイン酸のスペクトルが確認できた。

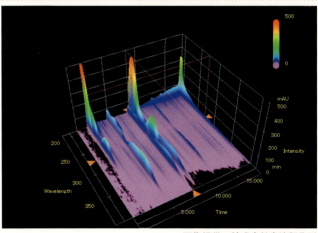

画像提供　株式会社島津製作所

分析機器遺産

日本分析機器工業会と日本科学機器協会が認定している「分析機器・科学機器遺産」から日本の科学・産業の歩みが見えます。2015年までに認定されている62件から、特に時代を反映している3件を紹介します。

写真提供　大阪大学総合学術博物館

● **国産第一号電子顕微鏡（1939年）**
電子顕微鏡には真空技術と電子線の発生技術が必要です。国産の戦艦や戦闘機の開発が進んだ時代に、電子顕微鏡の製作も急がれました。

● **高分解能赤外分光光度計 DS-301型（1957年）**
石油化学工業が戦後復興から高度経済成長への原動力になった時期に活躍しました。記録紙式で大型でした。現在ではポータブルの赤外分光装置も普及しています。

写真提供　日本分光株式会社

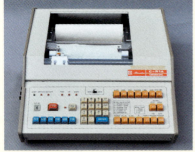

写真提供　島津製作所　創業記念資料館

● **解析・記録装置
クロマトパック C-R1A（1978年）**
クロマトグラフィーの記録・解析用です。ペンレコーダーに代わって普及していきました。現在はコンピュータが装置本体の制御も同時に行います。

図解入門
How-nual
Visual Guide Book

よくわかる 最新

分析化学の基本と仕組み

現場で必要とされる分析法のノウハウ

分析の基礎 ［第2版］

津村 ゆかり 著

秀和システム

●注意
(1) 本書は著者が独自に調査した結果を出版したものです。
(2) 本書は内容について万全を期して作成いたしましたが、万一、ご不審な点や誤り、記載漏れなどお気付きの点がありましたら、出版元まで書面にてご連絡ください。
(3) 本書の内容に関して運用した結果の影響については、上記(2)項にかかわらず責任を負いかねます。あらかじめご了承ください。
(4) 本書の全部または一部について、出版元から文書による承諾を得ずに複製することは禁じられています。
(5) 商標
　　本書に記載されている会社名、商品名などは一般に各社の商標または登録商標です。

はじめに

　環境・食品・医薬品・各種材料・考古学・法化学など、様々な分野で分析に関わる社会人と学生にとって、初学者向けの教材はたいへん充実してきました。メーカーや学会が各分析法の基礎理論や実用例やトラブル対応など、いろいろなテーマでのセミナーを多く開催するようになりました。ウェブ上の解説ページやオンラインセミナーも増え、蓄積が大きくなっています。書籍では、個別の分析の分野を初学者向けに解説するシリーズなどが刊行され、個人でも買える価格で販売されています。

　いっぽう、それぞれの分析法や、その基盤となる器具・試薬の扱い、データ処理法などを総合的に解説した実務者向けの教材は意外に少ないのです。書店には書名に「分析化学」の語が入った本がたくさん並んでいますが、これらの多くは大学の教科書として書かれています。教科としての分析化学は、溶液の平衡状態や電極の原理など化学の基礎理論を詳しく教えるものでもあり、実務者が求める内容とは必ずしも一致していません。

　本書は、実務に必要な分析化学の知識を見渡して理解できることをめざしています。一見バラバラなように思える各分析法の関連づけをし、それぞれの特徴や位置づけがわかりやすいように配慮しました。見開きの各項目は独立して完結していますが、無理なく通読もできるように読み物としての面白さも追求しています。理解を助ける多くの画像は各企業や機関のご協力により掲載させていただきました。コンパクトでありながらオールインワンの本として、各分野の教材を学ぶ道案内ができればと思います。

　幸い2009年の発刊以来予想以上に好評をいただき、初版は10刷を数えました。この7年の間に東日本大震災と福島第一原子力発電所の事故、1,2-ジクロロプロパンによる胆管がんの労働災害、$PM_{2.5}$による大気汚染の深刻化と環境基準設定など、化学分析に関係する大きなできごとがありました。また、分析の各分野の基礎理論と技術はたゆまず進歩し続けています。

　この第2版では、放射性物質の分析の章を新たにもうけました。また、用語や法規制や分析機器の仕様の変化などに応じて各章の内容を更新しました。特に質量分析と液体クロマトグラフィーについては大きく書き換えました。さらに、巻頭には化学分析のイメージを豊かに伝えるカラーページを付けました。

　本書の構成は分析の基本的な手順に沿っています。すなわち、化学の基礎や単位から始め、試料採取、前処理、各種分析法、データ処理、試験室管理、という順になっています。本書が分析化学に関わるみなさんのお役に立てば幸いです。

2016年5月　津村ゆかり

よくわかる 最新分析化学の基本と仕組み [第2版]

CONTENTS

はじめに ………………………………………………………………… 3

第1章 分析化学の世界へようこそ

- 1-1 分析化学って何？…………………………………………… 10
- 1-2 暮らしを支える分析化学…………………………………… 12
- 1-3 基本の用語…………………………………………………… 14
- 1-4 国際単位系（SI）…………………………………………… 16
- 1-5 濃度の表し方………………………………………………… 20
- 1-6 分析法の選び方……………………………………………… 22
- **コラム** ググっても出てこない！？ ラボ用語……………… 24

第2章 基本の化学と試薬・器具

- 2-1 溶液の化学…………………………………………………… 26
- 2-2 酸と塩基……………………………………………………… 28
- 2-3 錯形成反応…………………………………………………… 32
- 2-4 酸化と還元…………………………………………………… 34
- 2-5 溶解度と沈殿………………………………………………… 36
- 2-6 極性…………………………………………………………… 38
- 2-7 分配…………………………………………………………… 40
- 2-8 実験器具と使用方法………………………………………… 42
- 2-9 試薬の選び方と使い方……………………………………… 46
- 2-10 液体状試薬…………………………………………………… 48
- 2-11 電子天びんの使用方法……………………………………… 50
- **コラム** 「はかる」ための巨大な装置……………………… 52

第3章 試料採取と前処理

- 3-1 試料採取から前処理までの流れ ………………… 54
- 3-2 サンプリングに関する用語 ……………………… 56
- 3-3 環境試料のサンプリング ………………………… 58
- 3-4 その他の試料のサンプリング …………………… 60
- 3-5 分解・溶解 ………………………………………… 62
- 3-6 沈殿・再結晶と分離 ……………………………… 64
- 3-7 固形物からの抽出 ………………………………… 66
- 3-8 液液抽出 …………………………………………… 68
- 3-9 固相抽出 …………………………………………… 70
- 3-10 濃縮 ………………………………………………… 72
- 3-11 蒸留・気化 ………………………………………… 74
- 3-12 その他の前処理方法 ……………………………… 76
- コラム これは何？ 分析の言葉 ……………………… 78

第4章 基礎的な検出・定量法

- 4-1 呈色反応と官能試験 ……………………………… 80
- 4-2 金属イオンの系統分析 …………………………… 82
- 4-3 重量分析 …………………………………………… 84
- 4-4 滴定 ………………………………………………… 86
- 4-5 総量分析 …………………………………………… 88
- 4-6 その他の方法 ……………………………………… 90
- コラム 検査紙1枚からわかる健康状態 ……………… 92

第5章 分子分光分析

- 5-1 光の性質 …………………………………………… 94
- 5-2 電磁波とスペクトロメトリー …………………… 96
- 5-3 ランバート-ベアーの法則 ……………………… 98
- 5-4 紫外・可視分光① 原理と測定系 …………… 100
- 5-5 紫外・可視分光② スペクトル分析と吸光光度法 … 102
- 5-6 蛍光分光 ………………………………………… 104
- 5-7 赤外分光 ………………………………………… 106

5-8	近赤外分光	110
5-9	ラマン分光	112
コラム	フーリエ変換	114

第6章 原子分光分析

6-1	原子が光を吸収・放出する仕組み	116
6-2	原子吸光法① 装置の仕組み	118
6-3	原子吸光法② 測定の実際	120
6-4	ICP発光分析① 仕組み	122
6-5	ICP発光分析② 測定の実際	124
コラム	真空度、圧力の単位	126

第7章 X線・電子線を使う分析

7-1	X線と物質の相互作用	128
7-2	蛍光X線分析	130
7-3	X線回折	134
7-4	電子顕微鏡	136
7-5	SEM-EDXとEPMA	138
コラム	回折格子	140

第8章 質量分析とNMR

8-1	質量分析① 何がわかるか	142
8-2	質量分析② イオン化法	144
8-3	質量分析③ 質量分離法	146
8-4	質量分析④ 質量の単位と同位体	148
8-5	質量分析⑤ 精密質量の測定	150
8-6	ICP-MS	152
8-7	核磁気共鳴分光	154
コラム	$PM_{2.5}$の分析	158

CONTENTS

第9章 分離分析

- 9-1 クロマトグラフィーの基礎 …………………………… 160
- 9-2 GC① ガスクロマトグラフィーの基本 ………… 164
- 9-3 GC② 注入口 …………………………………………… 166
- 9-4 GC③ 検出器と誘導体化 ……………………………… 168
- 9-5 GC/MS …………………………………………………… 170
- 9-6 LC① 液体クロマトグラフィーの基本 ………… 174
- 9-7 LC② 逆相分配：最もよく使われる分離モード …… 176
- 9-8 LC③ LCの検出器 …………………………………… 178
- 9-9 LC/MS …………………………………………………… 180
- 9-10 イオンクロマトグラフィー ……………………… 184
- 9-11 SFCとTLC …………………………………………… 186
- 9-12 キャピラリー電気泳動 …………………………… 188
- コラム アセトニトリル不足とヘリウム不足 ………… 190

第10章 電気化学分析

- 10-1 電気化学分析の基本 ……………………………… 192
- 10-2 導電率計 ……………………………………………… 194
- 10-3 ネルンスト式と標準電極 ………………………… 196
- 10-4 pH計とその他のイオン選択性電極 …………… 198
- 10-5 電極を用いる滴定 ………………………………… 200
- 10-6 ボルタンメトリー ………………………………… 202
- コラム 超高甘味度甘味料 ……………………………… 204

第11章 放射性物質の分析

- 11-1 放射性物質の特徴 ………………………………… 206
- 11-2 分析対象となる放射性核種 ……………………… 208
- 11-3 ベクレルとシーベルト …………………………… 210
- 11-4 放射線を検出する仕組み ………………………… 212
- 11-5 食品・水中の放射性物質分析の手順 ………… 214
- コラム 放射性ストロンチウムの分析 ………………… 216

第12章 データ処理と品質保証

- 12-1 有効数字と数値の丸め方 ……………………… 218
- 12-2 検量線① 基本の作成法 ……………………… 220
- 12-3 濃度の計算 ……………………………………… 222
- 12-4 平均と標準偏差 ………………………………… 224
- 12-5 母集団と標本 …………………………………… 226
- 12-6 誤差 ……………………………………………… 228
- 12-7 検量線② 最小二乗法 ………………………… 230
- 12-8 検出限界と定量範囲 …………………………… 232
- 12-9 分析法の作成とバリデーション ……………… 234
- 12-10 併行精度・室内精度の計算 …………………… 236
- 12-11 標準とトレーサビリティ ……………………… 238
- 12-12 不確かさ ………………………………………… 240
- 12-13 品質管理(精度管理) …………………………… 242
- 12-14 品質保証(ISO, GLP) ………………………… 244
- **コラム** 有機溶剤による胆管がん ……………………… 246

第13章 ラボの常識と化学分析の極意

- 13-1 安全に分析を行う ……………………………… 248
- 13-2 廃棄物の処理 …………………………………… 252
- 13-3 コンタミを避ける ……………………………… 254
- 13-4 分析化学者の一員として ……………………… 256
- 13-5 分析格言集 ……………………………………… 258

- 参考情報 ……………………………………………… 260
- 索引 …………………………………………………… 264
- 略語集 ………………………………………………… 268
- おわりに ……………………………………………… 271

カバー画像
　サーベイメータ　株式会社日立製作所ヘルスケアビジネスユニット　提供
　三次元クロマトグラム　株式会社島津製作所　提供

分析化学の世界へようこそ

ミクロの世界から大宇宙まで、物質が何からできているか、どのくらい含まれているか、それに答えるのが分析化学です。「化学分析」は個別の分析、「分析化学」は化学分析の基礎理論から応用までをカバーする学問体系を意味します。

1-1
分析化学って何？

化学あるところに分析化学あり。「世界は何でできているか」を究明する学問である化学は、分析化学と共に発展してきました。化学の歴史は分析化学の歴史でもあります。

▶▶「世界のもと」は何なのか

　私たちが暮らす町や村は、大地や河川や木々や建物で形作られています。私たちの身体は皮膚や骨や筋肉から成っています。夜空に輝く遠い星々は、太陽と同じように巨大なガスの塊であることがわかっています。まったく違うもののように見えるこれらの物質をどんどん分けていったら、どんなものからできているのでしょうか？

　太古の昔から人類は「世界が何でできているか」を知りたいと考えてきました。古代ギリシャでは「火・水・空気・土」の4元素説が唱えらました。世界は少数の根源的なものでできていて、その組み合わせ次第ですべての物質が作られるとの考えは、やがて錬金術――卑金属から金を生み出すことをめざす――を生み出しました。

　錬金術師たちは物質を反応させたり分離したりする様々な道具や技術を発明しましたが、ごぞんじのとおり金を作り出すことには誰も成功しませんでした。世界を構成するもと――**元素**――は人類が思っていたよりもずっと多く、金も元素の一つだったからです。

　1774年、フランスの化学者ラボアジエ（本職は徴税請負人）は精密な天びんやガラス器具を使って質量保存の法則（物質不滅の法則）を導き出しました。この考えに基づき、その後化学反応における定比例の法則や倍数比例の法則が発見され、元素・原子・分子の概念が確立し、原子量が計算されました。

　1869年、ロシアの化学者メンデレーエフは当時知られていた63の元素を原子量の順に並べると性質が周期的に変化することに気づき、**周期表**を発表しました。周期性を生み出すのは、原子を構成する共通の粒子――陽子と電子の数であることも解明されていきました。現在では118の元素の存在が報告されており、114の元素に正式に名前*が付けられています。

　物質を構成する元素や化合物、そしてそれらの形態を**化学種**といいます。分析化学は、化学種とそれらの量を明らかにするための科学です。

＊**元素の名称**　113,115,117,118番元素は命名作業中で、このうち113番元素は日本に命名権がある。

1-1 分析化学って何？

世界の真理を探す

古代ギリシャの4元素説

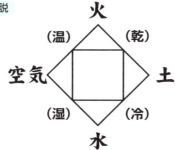

周期表

族 周期	1	2	3	4	5	6	7	8	9	10	11	12	13	14	15	16	17	18
1	1 H																	2 He
2	3 Li	4 Be											5 B	6 C	7 N	8 O	9 F	10 Ne
3	11 Na	12 Mg											13 Al	14 Si	15 P	16 S	17 Cl	18 Ar
4	19 K	20 Ca	21 Sc	22 Ti	23 V	24 Cr	25 Mn	26 Fe	27 Co	28 Ni	29 Cu	30 Zn	31 Ga	32 Ge	33 As	34 Se	35 Br	36 Kr
5	37 Rb	38 Sr	39 Y	40 Zr	41 Nb	42 Mo	43 Tc	44 Ru	45 Rh	46 Pd	47 Ag	48 Cd	49 In	50 Sn	51 Sb	52 Te	53 I	54 Xe
6	55 Cs	56 Ba	※1	72 Hf	73 Ta	74 W	75 Re	76 Os	77 Ir	78 Pt	79 Au	80 Hg	81 Tl	82 Pb	83 Bi	84 Po	85 At	86 Rn
7	87 Fr	88 Ra	※2	104 Rf	105 Db	106 Sg	107 Bh	108 Hs	109 Mt	110 Ds	111 Rg	112 Cn	113 Uut	114 Fl	115 Uup	116 Lv	117 Uus	118 Uuo

※1 ランタノイド： 57 La, 58 Ce, 59 Pr, 60 Nd, 61 Pm, 62 Sm, 63 Eu, 64 Gd, 65 Tb, 66 Dy, 67 Ho, 68 Er, 69 Tm, 70 Yb, 71 Lu

※2 アクチノイド： 89 Ac, 90 Th, 91 Pa, 92 U, 93 Np, 94 Pu, 95 Am, 96 Cm, 97 Bk, 98 Cf, 99 Es, 100 Fm, 101 Md, 102 No, 103 Lr

化学分析で明らかにする化学種とは

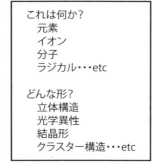

これは何か？
　元素
　イオン
　分子
　ラジカル・・・etc

どんな形？
　立体構造
　光学異性
　結晶形
　クラスター構造・・・etc

分子の構造以外にも、いろんなことを調べるんだね！

C_2H_5OH

第1章　分析化学の世界へようこそ

1-2
暮らしを支える分析化学

　私たちの暮らしは、分析化学が想像以上に大きな働きを担っています。一日の生活をたどりながら見ていきましょう。

▶▶ 24時間身近で役立つ分析化学

　まず、朝起きて顔を洗います。水道水は硬度や有害成分の有無が検査されて各家庭に供給されています。歯磨きや石けんもそれぞれ開発段階や品質管理で化学分析が行われています。服を着替えれば、繊維・染料・ボタン・ファスナーなど、分析を駆使して開発された新しい素材があちこちに使われています。

　朝食の食卓。パンにもマーガリンにも栄養成分が表示されています。原材料の残留農薬検査もされています。果物には「光センサー」のラベルが付いているものがあります。近赤外光を使う糖度測定が行われているのです。

　テレビをつければ、火星の土壌成分から生命の存在を探る探査、遺跡から発掘された土器の産地推定のニュースが放映されています。大気中の二酸化炭素増加や、殺人事件で使われた毒物の鑑定結果も報道されます。いずれも様々な分析の結果得られたデータです。食後にのむ薬は、開発段階でも製造過程でも国の定めた基準に基づく厳しい管理が実施されています。

　自動車に乗って家を出ます。車体の鉄鋼・プラスチック・ファインセラミックス・燃料のガソリン、いずれも化学分析によって品質が守られています。排ガスの測定も行われています。学校や職場では、ビル内の環境チェックのため空気中のアスベストや建材成分の分析が行われます。スマホを使えば、半導体も液晶も微量元素量をコントロールして特殊な機能を持たせた素材から作られています。機能のためだけでなく、鉛などによる汚染を防ぐためにも分析が行われます。

　このように私たちの暮らしは分析化学によって守られる環境や製品の安全の上に成り立っており、また、人類が未知の世界や将来の地球の姿を知るためにも分析化学は欠かせません。分析化学に携わるひとりひとりは、それぞれが出すデータによって社会とつながっているのです。

1-2 暮らしを支える分析化学

分析化学があつかうものは

暮らしを支える分析化学

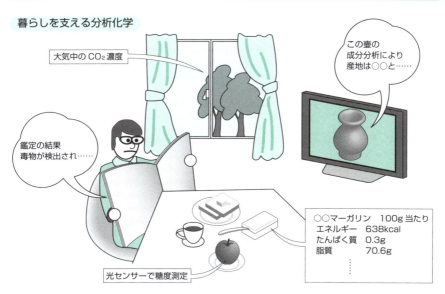

分析機器生産高推移

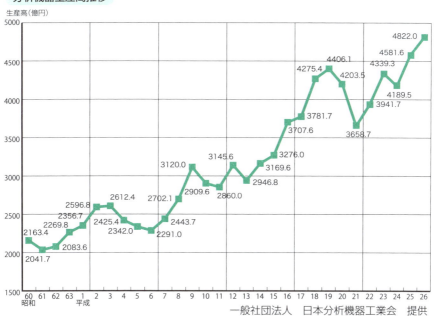

一般社団法人　日本分析機器工業会　提供

1-3 基本の用語

　化学分析の目的には定性と定量があります。定性とは分析対象に含まれる化学種を明らかにすること、定量とは化学種の量をはかることです。

▶▶ 化学分析は「分ける」と「はかる」

　化学分析の対象となる物質の成分は単一の場合も複数の場合もあります。単一の場合は、その化学種を明らかにして質量を測定すれば定性も定量も完結します。しかし多くの分析対象は複数の成分から成っています。したがって、化学分析を行うためにはまずそれぞれの化学種に分けなければなりません。それには文字どおり分ける場合と、混合物のまま機器を使って信号として識別する場合とがあります。どちらか、または双方を組み合わせて分析法が作られます。

　それぞれの分析法の識別能力には**選択性**と**特異性**があります。選択性とは、他の物質にも応答するが目的物質に対する応答のほうが強いことです。また、特異性とは、他の物質には応答せず目的物質にのみ応答することです。多くの分析法は選択的であり、特異性を持つものは限られます。未知物質と既知物質の性質を比較して同一の物質であると確認する操作を**同定**といいます。また、機器を用いて物質の性質または量を主として数値によって表す操作を**測定**といいます。

▶▶ 「感度」の意味は二通り

　各分析手法にはそれぞれ**感度**があります。感度には二通りの意味があります。

　一つは、どれだけ少ない量まで検出できるかという意味です。この感度は**検出限界**として検出対象物質の絶対量または濃度で表します。定性分析にも検出限界があります。もう一つの意味は、分析装置などの応答（電気的信号や色の濃さなど）がどれだけ大きいかを表すものです。同じ量の分析対象物質に対して大きく応答する測定法は「感度がよい」「感度が高い」などといいます。

　分析法の中には、感度は低いが選択性が高いもの、あるいは選択性は低いが感度が高いものがありますから、目的に応じて使い分けます。

1-3　基本の用語

言葉の意味の違い

分けてからはかるか混合物のままはかるか

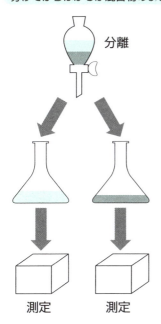
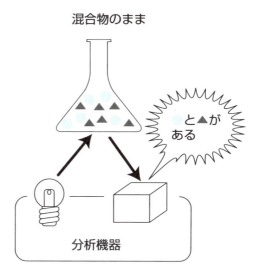

感度の意味は二通り

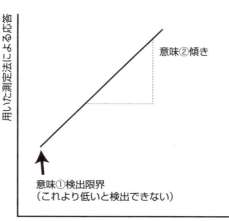

1-4
国際単位系（SI）

単位は定量結果を表すために絶対必要なものです。自然科学で扱う物理量は国際単位系（SI）に基づいて表します。SIは7つの基本単位で構成されています。

▶▶ メートル法の始まり

　世の中にはいろいろな単位があります。身長（cm）、体重（kg）、年齢（歳）、部屋の広さ（帖）、天気図の気圧（ヘクトパスカル）……ちょっと見回すだけでいくらでも目に付きます。しかも、例えば長さに限っても、メートルやキロメートル以外に、マイルや海里やインチやフィート、布の長さは尺、クギは寸、家の間口は間（けん）、時代劇なら里（り）……実に多くの単位が今でも身近にあります。

　かつては国ごと、あるいは地域ごとにバラバラな単位が使われていました。ときには同じ呼び名で大きさが違う場合もあり、徴税や商取引の妨げになっていました。世界中で、時代時代の統治者は単位をそろえることに力を注ぎました。

　単位を国際的に統一しようとの気運が高まったのは1789年のフランス革命がきっかけでした。どこの国にも偏らない自然を尺度とする単位を——との理念の下、フランスの科学アカデミーによって**メートル法**の体系が提案されました。それは「地球の子午線（一周分）の長さの4000万分の1を1メートルとする」「1Lの水の質量を1kgとする」というものでした。

　これらを正確に決めるために、フランスの国家的な大事業として子午線の測量と蒸留水の質量測定が行われました。後者を行ったのは質量保存の法則を発見した化学者ラボアジエらです。こうして最初のメートル原器とキログラム原器が作られ、1799年にメートル法が公布されました。

▶▶ 7つの基本単位

　その後1875年に、欧州を中心とする17カ国によって**メートル条約**が締結されました。さらに1960年にメートル条約に基づき**国際単位系（SI）**が制定されました。SIは7つの**基本単位**とその組み合わせで構成されています。SI基本単位の定義を表に示しました。

1-4 国際単位系（SI）

SI基本単位

基本量	単位名称	単位記号	定義
長さ	メートル	m	1秒の299 792 458分の1の時間に光が真空中を伝わる行程の長さ
質量	キログラム	kg	国際キログラム原器の質量
時間	秒	s	セシウム133の原子の基底状態の二つの超微細構造準位の間の遷移に対応する放射の周期の9 192 631 770倍の継続時間
電流	アンペア	A	真空中に1メートルの間隔で平行に配置された無限に小さい円形断面積を有する無限に長い二本の直線状導体のそれぞれを流れ、これらの導体の長さ1メートルにつき2×10^{-7}ニュートンの力を及ぼし合う一定の電流
熱力学温度	ケルビン	K	水の三重点の熱力学温度の1/273.16
物質量	モル	mol	0.012キログラムの炭素12の中に存在する原子の数に等しい数の要素粒子を含む系の物質量
光度	カンデラ	cd	周波数540×10^{12}ヘルツの単色放射を放出し、所定の方向におけるその放射強度が1/683ワット毎ステラジアンである光源の、その方向における光度

　今ではキログラムを除く基本単位は、いずれも自然界に普遍的に存在するものを基準に決められています。例えばメートルは子午線でなく光の速さ、秒はセシウム原子の発する振動によって定義されていますから、宇宙の彼方であっても1メートルは1メートル、1秒は1秒です。

　けれども質量だけは、パリの国際度量衡局に厳重に保管されている**国際キログラム原器**がもとになっています。現在の測定技術をもってしても、キログラム原器より精度の高い基準を作れないからです。しかし目下アボガドロ定数及びプランク定数を精度良く求める国際プロジェクトが進んでいます。これらが成功すれば質量も自然界に普遍的に存在するもので再定義され＊、キログラム原器は不要となります。

▶▶ 組立単位と接頭語

　基本単位はわずかに7つですが、これらを組み合わせて様々な**SI組立単位**が作られます。例えば面積を表すm^2や体積を表すm^3です。物理量を割って作られる組立

＊**キログラムの再定義**　アボガドロ定数によって行う場合は炭素12の質量が、プランク定数によって行う場合は光子のエネルギーが新しい基準になる。

1-4 国際単位系（SI）

固有の名称と記号で表されるSI組立単位

組立量	名称	記号	他のSI単位または基本単位による表し方
平面角	ラジアン	rad	1
立体角	ステラジアン	sr	1
周波数	ヘルツ	Hz	s^{-1}
力	ニュートン	N	m kg s^{-2}
圧力,応力	パスカル	Pa	N/m^2
エネルギー,仕事,熱量	ジュール	J	N m
仕事率,工率,放射束	ワット	W	J/s
電荷,電気量	クーロン	C	s A
電位差(電圧),起電力	ボルト	V	W/A
静電容量	ファラド	F	C/V
電気抵抗	オーム	Ω	V/A
コンダクタンス	ジーメンス	S	A/V
磁束	ウェーバ	Wb	V s
磁束密度	テスラ	T	Wb/m^2
インダクタンス	ヘンリー	H	Wb/A
セルシウス温度	セルシウス度	℃	K
光束	ルーメン	lm	cd sr
照度	ルクス	lx	lm/m^2
放射性核種の放射能	ベクレル	Bq	s^{-1}
吸収線量,比エネルギー分与,カーマ	グレイ	Gy	J/kg
線量当量,周辺線量当量,方向性線量当量,個人線量当量	シーベルト	Sv	J/kg
酵素活性	カタール	kat	s^{-1} mol

単位ではスラッシュ「/」を基本的に1回まで使うことができます。組立単位の中には、固有の記号を持つものが22決められています。例えば力を表すニュートン（N）はm kg s^{-2}、エネルギーの単位ジュール（J）はm^2 kg s^{-2}と同じ意味です。

また、物理量の大きさの範囲はたいへん幅が広いので、7つの基本単位をそのまま使うと、ときに膨大な桁数になったり、逆に0.00000……と延々0が続く小さな数字になったりします。このような不便な事態を防ぐために、次の表に示した**接頭語**が決められています。大きな数字を表す接頭語が10種、小さな数字を表す接頭語も10種あります。kgは基本単位の中で例外的に接頭語を含んでいます。

数値と単位の間には空白＊（スペース）を入れます。ただし、平面角を表す単位「°」「′」「″」とセルシウス度を表す「℃」の前には空白を入れません。

＊**空白** 本書では都合上、空白を入れていない表記もある。

1-4 国際単位系（SI）

SI接頭語

乗数	名称	記号
10^1	デカ	da
10^2	ヘクト	h
10^3	キロ	k
10^6	メガ	M
10^9	ギガ	G
10^{12}	テラ	T
10^{15}	ペタ	P
10^{18}	エクサ	E
10^{21}	ゼタ	Z
10^{24}	ヨタ	Y

乗数	名称	記号
10^{-1}	デシ	d
10^{-2}	センチ	c
10^{-3}	ミリ	m
10^{-6}	マイクロ	µ
10^{-9}	ナノ	n
10^{-12}	ピコ	p
10^{-15}	フェムト	f
10^{-18}	アト	a
10^{-21}	ゼプト	z
10^{-24}	ヨクト	y

キロキロと ヘクトデカけたメートルが デシに追われて センチミリミリ

▶▶ 許容されている非SI単位

SI以外の単位系で広く使われているものについても、例外的に併用が許容されているものがあります。下表に示したように、時間を表す分、時、日、体積を表すリットル、質量を表すトンはSIと併用できます。また、原子質量単位としてまったく同じ意味のuとDaが両方とも認められています。（当初はuのみでしたが2006年からDaも許容されました。）

許容されている非SI単位（一部）

量	単位の名称	単位の記号	SI単位による値
時間[*1]	分	min	1 min = 60 s
	時	h	1 h = 60 min = 3600 s
	日	d	1 d = 24 h = 86 400 s
平面角	度	°	1° = (π/180) rad
	分	′	1′ = (1/60)° = (π/10 800) rad
	秒	″	1″ = (1/60)′ = (π/648 000) rad
面積	ヘクタール	ha	1 ha = 1 hm^2 = 10^4 m^2
体積	リットル	L, l	1 L = 1 l = 1 dm^3 = 10^3 cm^3 = 10^{-3} m^3
質量	トン	t	1 t = 10^3 kg
エネルギー[*2]	電子ボルト	eV	1 eV = 1.602 176 620 8 (98) × 10^{-19} J
質量[*2]	ダルトン	Da	1 Da = 1.660 539 040 (20) × 10^{-27} Kg
	統一原子質量単位	u	1 u = 1 Da

*1 SI接頭語は時間の非SI単位とは併用されない。
*2 実験的に求められる非SI単位。（ ）の数字は不確かさを表す。数値は国立天文台編『理科年表 平成28年版』（丸善、2016）による。

1-5 濃度の表し方

分析に濃度は欠かせません。多くの化学分析において、直接測定しているのは絶対量でなく濃度です。SI以外に慣習的に使われている単位もあり、ちょっと複雑です。

▶▶ 基本的な表し方

濃度も基本的に国際単位系（SI）に従って表します。単位体積当たりに含まれる量を表す場合は、mg/L、μg/mL、g/m^3、mol dm^{-3}などの書き方になります。スラッシュの前後に空白は入れません。物質の体積は温度や圧力によって変化しますから、厳密に表す場合はこれらの条件を明記します。

質量どうし、モルどうしなどの比率で示す場合は％（百分率）と‰（千分率）の使用も認められています。**日本工業規格（JIS）**のJIS K 0050:2011では、比率で示す場合は「質量分率0.05」「質量分率5 ％」「5 ％（質量分率）」のいずれかの書き方をすることとしています。

▶▶ 例外的な表し方

非常に低い濃度を表すppmやppbはニュースなどでよく聞く単位ですが、SIでは採用されていません。しかし計量法に規定されているため、JISでは容認しています。その一覧を％と‰と共に右ページ上の表に示しました。

日本薬局方では、溶液の濃度を矢印で表す独特の表記法が採用されています。例えば（1→3）と表記すると、固形の薬品なら1 g、液状の薬品なら1 mLをとり、溶媒に溶かして全量を3 mLとする割合を示します。また、混液を作る場合、それぞれの液状の薬品の体積の比率を示して（10：1：1）のように表します。

注意しなければならないのは、本来同じ単位どうしの比率を表すはずなのに違うものを組み合わせて％やppmを使う場合があることです。日本薬局方では、g/100mLの意味でw/v％とする表記が採用されています。（ただし製剤の処方または成分などの濃度を示す場合に限定されています。）また、環境や食品の分野では、大気中濃度や溶液濃度のmg/Lをppm、μg/Lをppbと呼ぶことがあります。

1-5 濃度の表し方

濃度の表記方法

計量法に規定のある濃度表記

乗数	記号	読み方または元の英語
10^{-2}	%	パーセント
10^{-3}	‰	パーミル
10^{-6}	ppm	parts per million
10^{-9}	ppb	parts per billion
10^{-12}	ppt	parts per trillion
10^{-15}	ppq	parts per quadrillion

体積分率を表す場合は、vol%、vol ppm等の表記もできる。

各種濃度表記法

体系	表記法	例
国際単位系(SI) JIS K 0050	べき乗で表す リットル(L)を使う スラッシュを使う	$mol\ dm^{-3}$ mol/L mg/kg
日本薬局方	質量対容量百分率	w/v%
日本薬局方	溶液の濃度を矢印で示す	(1→3) 固形の薬品は1g、液状の薬品は1 mLを溶媒に溶かして全量を3 mLとする割合を示す
日本薬局方	混液の比率をコロンで示す	(10:1) 液状薬品の10容量と1容量の混液を示す
JIS K 0050	+を使って水溶液を表す	塩酸など特定の試薬について"試薬名(a+b)"または"化学式(a+b)"で試薬の体積aと水の体積bとを混合したことを示す
慣用	モーラーの使用	1 M = 1 mol/L
慣用	規定度の使用	n価の物質の溶液なら 1 mol/L = n N
慣用	質量対体積を分率で代用する	mg/L = ppm μg/L = ppb

1-6 分析法の選び方

ある分析値を知りたい場合、考えられる分析法は複数あるのが普通です。それらの中からどれを選べばよいのでしょうか。優先順位はあるのでしょうか。

▶▶ 分析の流れ

右ページ上図に実際の化学分析の流れを示しました。最初に行わなければならないのは分析目的の明確化とそれに基づく分析計画の策定です。目的によって必要とする感度や精度が異なりますから、目的に応じた分析法を選びます。また、現実の分析方法の選定に当たっては、ほとんどの場合、利用できる機器が第1の制約条件になります。

▶▶ 各分野に公定法がある

分析は製品や環境の規格・規制と深く結びついています。規格・規制に関わる分析には基本的に**公定法**が定められています。様々な分野で用いられる公定法の例を表に示しました。

最も強制力が強いのは法律で規定される分析法です。これらは省令・告示・通知などとして、または法令で位置づけられた規格として公表されます。規格の中で**日本工業規格（JIS）**＊と**日本薬局方**は特に歴史が古く収載内容も膨大で、広い範囲に影響力を持っています。

次に、業界の自主規格や学会が定める分析法があります。これらは強制力を持つわけではありませんが、複数の機関や研究者によって評価されたものとして信頼され、公定法または準公定法として利用されます。

これらの他に、装置や器具の発売元が指定する方法や、学術誌に論文として発表されている方法、あるいは自機関で定めた方法を使うこともできます。いずれの方法についても、分析目的を満たす結果が得られることの確認（**バリデーション**）が行われていることが前提です。また、その方法を実際に導入する前に、試験室の人員や装置でその方法を適切に実施できることを確認する必要があります。分析法は**標準作業手順書（SOP）**として文書化します。

＊**JIS** 基本的に任意の規格で、一部が法令によって強制規格になっている。

1-6 分析法の選び方

分析法の流れと種類

分析の流れ

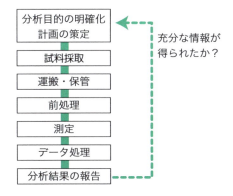

主な公定分析法

分野	制定主体・管轄省庁	規格名・根拠法
環境（水質・大気・土壌・底質・廃棄物）	日本工業標準調査会	日本工業規格（JIS）
	環境省	環境基本法、大気汚染防止法 ダイオキシン類対策特別措置法
食品	農林水産省	農産物検査法
	厚生労働省	食品衛生法、健康増進法
	国税庁	酒税法
飼料	農林水産省	飼料安全法
家庭用品	厚生労働省	有害物質を含有する家庭用品の規制に関する法律（家庭用品法）
医薬品	厚生労働省	日本薬局方（医薬品医療機器法に基づく）
化粧品	厚生労働省	化粧品基準、日本薬局方（医薬品医療機器法に基づく）
鉄鋼・非鉄金属	日本工業標準調査会	JIS
	国際標準化機構	ISO
電子材料・半導体	同上	JIS、ISO
石油	日本工業標準調査会	JIS
	経済産業省	揮発油等の品質の確保等に関する法律
	総務省	消防法
建材	日本工業標準調査会	JIS
	国土交通省	建築基準法

通常、各法律に基づく省令・告示・通知等に分析法が記載または規格が引用される。
「ぶんせき」誌連載「ミニファイル　公定分析法」（2003年1〜12号）、「ミニファイル原材料の規格と分析法」（2007年1〜12号）より抜粋

1-6 分析法の選び方

ググっても出てこない！？ ラボ用語

どこの業界にも、その中でしか通用しない業界用語があるものです。化学系の実験室で使われるけれど教科書には載っていない言葉をいくつか紹介します。

【ラボ】laboratory（実験室）の略。実験を行う部屋そのものをさす場合と、実験や研究に携わるグループ（大学の研究室など）の人間的つながりも含めていう場合とがある。

【ネグる】neglect（無視する）より。実験データを扱う際、意味があると思われない微小なノイズなどを取り除いたり無視したりすることをさす。

【サチる】saturate（飽和する）より。分析対象物質の濃度が高い領域で、検出器の応答が濃度に見合うだけ大きくならない現象。下のグラフのようなイメージ。

【コンタミ】contamination（汚染）の略。試料採取や前処理の過程で、分析結果に影響する物質が混入すること。細心の注意を払って減らすようにする。

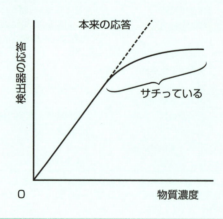

第2章

基本の化学と試薬・器具

　分析操作には、酸と塩基・酸化と還元・分配平衡など化学の基本原理が応用されています。高校化学で学ぶ内容も含めて整理してみましょう。基本的な試薬の調製法や器具の取り扱いも確認します。

2-1
溶液の化学

定量分析の多くは液体を対象にしています。固体または気体の試料についても、何らかの方法で溶液にして測定する試験法が多く用いられます。溶液に関する化学は分析をする上で特に重要です。

▶▶ 溶質は溶液中で溶媒和している

塩化ナトリウム（食塩）やショ糖（砂糖）を水に加えると溶解して透明になります。溶かされる塩化ナトリウムやショ糖を**溶質**、溶かす液体（この場合水）を**溶媒**、できた混合物を**溶液**といいます。均一に混じり合っているために光を散乱することがなく、透明です。墨汁や絵の具の洗い水のように不透明なもの（けん濁液）は溶液といいません。

塩化ナトリウム結晶は水に溶けると塩化物イオン（－）とナトリウムイオン（＋）に分かれます。このように溶解して分かれるものを**電解質**といいます。

水溶液の中では、水の分子が溶質の分子またはイオンを取り囲みます。単に囲むだけでなく、陰イオンに対しては水分子の中の水素原子が、陽イオンに対しては酸素原子が弱い結合を作って結びつきます。この状態を**水和**と呼びます。電解質でなくても、ショ糖のようにOH基を有する物質は水分子と親和性を持つため溶解します。

水以外の溶媒でもこのような現象が起こり、一般に**溶媒和**と呼ばれます。ただし、化学式で表す場合には溶媒和した分子やイオンでも溶媒は普通書かないで、Na^+、$C_{12}H_{22}O_{11}$などと溶質のみを書きます。これらの濃度を表す場合は $[Na^+]$、$[C_{12}H_{22}O_{11}]$ のように書きます。

なお、「塩化ナトリウム溶液」のように溶媒名を特定しなければ水溶液を指します。

▶▶ 正味のイオンの働き：活量

イオン性の溶液の中では、イオンとイオンの相互作用のために溶質は動きが制限され、濃度に見合った働きができなくなります。このため、溶液中の溶質の挙動を解析するとき、濃度でなく**活量**を使います。活量をa、濃度をcとするとその関係は

$$a = \gamma c$$

となります。γは**活量係数**と呼ばれる数値であり、希薄溶液では約1で、溶液中のイ

オンの濃度が高くなるほど小さくなります。活量を考える必要があるのはイオンのみで、電気的に中性の分子では活量はほぼ濃度と同じと考えて構いません。

活量は化学平衡や電極反応を考えるときに必要になります。

溶液中のイオン

Na⁺の水和の模式図

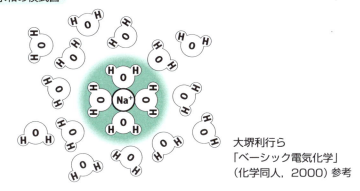

大堺利行ら
「ベーシック電気化学」
(化学同人，2000) 参考

4個の水分子が、負に帯電した酸素原子を Na⁺ 側に向けて"結合"している。

溶液中のイオンは動きが制限される

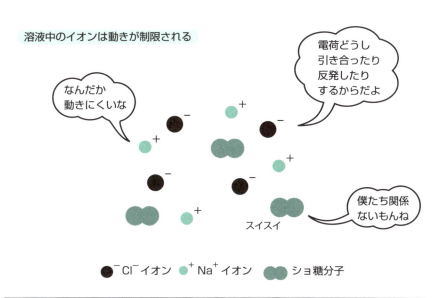

2-2
酸と塩基

「アルカリイオン飲料」「弱酸性ボディソープ」など、水溶液の液性はすっかり身近な言葉になっています。酸性または塩基性の度合を示すpHは、水溶液の最も基本的で重要な性質といえるでしょう。

▶▶ pHは水素イオン濃度を表す

液体の水はごくわずかな割合で解離*してイオンになっています。

$$2H_2O \rightleftarrows H_3O^+ + OH^-$$

H_3O^+は**水素イオン**、オキソニウムイオン、プロトンなどと呼ばれ、水を省いてH^+とも書きます。OH^-は**水酸化物イオン**と呼ばれます。純水に限らずあらゆる水溶液において、温度が一定なら水素イオンと水酸化物イオンの濃度（厳密には濃度でなく活量）の積は一定です。それぞれをmol/Lで表すと次の関係があります。

$$[H^+][OH^-] = 1.0 \times 10^{-14}　(25℃)$$

この式の中の1.0という数字は人類にとってまったくラッキーな偶然です。$1.0 \times 10^{-14} = 10^{-14}$と単純な形にできるからです。このおかげで水素イオン濃度を表す単位pHは扱いやすい数字になっており、高校生でも簡単に計算できるのです。

中性の水溶液では$[H^+] = [OH^-]$なので、どちらもちょうど10^{-7}mol/L。水素イオンの濃度は10の肩の数字の絶対値だけ取ってpH7と表します。

$$pH = -\log[H^+]$$

pHが7より小さければ**酸性**（水素イオンが多い）、大きければ**塩基性**（水酸化物イオンが多い）です。ただしこれは25℃付近での話で、温度が変われば中性のpHは7から変化します*。

pHはJIS Z 8802（pH測定方法）でピーエッチまたはピーエイチと読むこととされています。ドイツ語読みのペーハーも一部で使われています。

▶▶ 水素イオンを与えるものが酸、受けとるものが塩基

水溶液中に存在する分子やイオンの中には、他の分子やイオンに水素イオンを与えるもの、または逆に水素イオンを受けとるものがあります。ブレンステッド—

---

*解離　　イオンになる場合は電離ともいう。
*pHの変化　　例えば37℃ではpH6.8、100℃ではpH6.1が中性。

2-2 酸と塩基

身近な物質のpH

pHを測定するための器具・機器

| pH試験紙 | コンパクトpH計 | 卓上型pH計 |
| アドバンテック東洋　提供 | 堀場製作所　提供 | 東亜ディーケーケー　提供 |

卓上型pH計使用のポイント
　①常にガラス膜を水和させておく　　②使用前に標準液で校正する
　③比較電極に内部液が十分入っているか確認　④測定中は内部液補充口のふたを開放

2-2 酸と塩基

ローリーの定義によれば、前者を**酸**、後者を**塩基**といいます。例えば酢酸の解離は次のように考えられます。

$$CH_3COOH（酸） + H_2O（塩基） \rightleftarrows CH_3COO^-（塩基） + H_3O^+（酸）$$

酢酸が酸であることはすんなり納得できるでしょうが、水素イオンも酸、水と酢酸イオンは塩基と考える点に注意してください。酸・塩基の定義は一通りでなく、右ページ上表に示したようなものがあります。

▶▶ 中和反応と中和滴定

水溶液中で酸と塩基を適度な比率で混合すると互いの性質を打ち消しあいます。これを**中和反応**といいます。

中和点は指示薬やpH計で検出できますから、中和反応を利用して酸や塩基を定量できます。これは**中和滴定**または**酸塩基滴定**と呼ばれる基本的な分析手法です。具体的な操作法は4-4項で述べます。

▶▶ 酸解離定数と緩衝液

塩酸や水酸化ナトリウムのような強酸・強塩基は水溶液中でほぼ完全に解離しますが、酢酸やアンモニアのような弱酸・弱塩基は一部しか解離しません。それぞれの化学種の濃度の間には、酢酸の解離を例にとると下記のような関係があります。

$$CH_3COOH \rightleftarrows CH_3COO^- + H^+$$
$$\frac{[CH_3COO^-][H^+]}{[CH_3COOH]} = K_a（一定）$$

K_aは**酸解離定数***と呼ばれる定数です。

弱酸と弱酸の塩、または弱塩基と弱塩基の塩をある範囲の比率で混合した溶液には、水素イオンや水酸化物イオンが加えられてもpHが大きく変化しない性質（**緩衝能**）があります。このような溶液を**緩衝液**といいます。液体クロマトグラフィーや生化学実験には緩衝液が不可欠です。弱酸を含む緩衝液は、その弱酸のpK_aと同程度のpHの付近で緩衝能が最大になります。目標のpHに応じて緩衝液を選びます。

緩衝液を調製する際、2種類の溶液の混合の仕方には主に2通りの方法があります。pHをモニターしながら目的のpHに合わせる調製法と、混合する量を決めておいて常にその量に従う方法です。どちらの方法によるかは手順書に従いますが、明記されていない場合は調製法を記録しておきます。

***酸解離定数** 同様に塩基解離定数K_bも定義できる。

酸と塩基の定義と緩衝液

酸と塩基の定義

名称	酸の定義	塩基の定義	特徴
アレニウスの定義	水中で電離して水素イオンを与える物質	水中で電離して水酸化物イオンを与える物質	水溶液にのみ適用できる
ブレンステッド-ローリーの定義	プロトンを供与できる物質	プロトンを受容できる物質	溶媒が水以外の場合も適用できる
ルイスの定義	電子対を受け取る物質	電子対を供与する物質	水素を含まない物質も酸に含まれる

ルイス酸・ルイス塩基

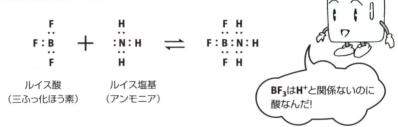

ルイス酸（三ふっ化ほう素）　ルイス塩基（アンモニア）

BF_3はH^+と関係ないのに酸なんだ！

緩衝液の仕組み（例：酢酸と酢酸ナトリウム）

$CH_3COOH \rightleftarrows CH_3COO^- + H^+$ ……①（一部だけ）
$CH_3COONa \rightarrow CH_3COO^- + Na^+$ ……②（完全に電離）

②で生じた多量の酢酸イオンのため、①の平衡は酢酸のみの場合より左に移動している。

＜酸（H^+）を加えた場合＞ ①の平衡はさらに左へ移動
$CH_3COO^- + H^+ \rightarrow CH_3COOH$
H^+は除かれ、加わった水素イオン濃度$[H^+]$の影響を減らす。

＜塩基（OH^-）を加えた場合＞ ①の平衡は右へ移動
$CH_3COOH + OH^- \rightarrow CH_3COO^- + H_2O$
OH^-が除かれ、加わった水酸化物イオン$[OH^-]$の影響を減らす。

つまり……

H^+が加わってもOH^-が加わってもpHは大きく変化しない

2-3
錯形成反応

多くの金属イオンは種々の配位子と錯体を形成します。キレート剤と金属イオンによる見事な組立体操を見てみましょう。

▶▶ 配位結合で錯体が生まれる

高校の化学実験の時間に硫酸銅結晶の美しい青色を見たことを覚えている人もいるでしょう。硫酸銅を水に溶解すると青色の溶液になります。そこにアンモニア水を加えていくと水酸化銅が生成して白濁しますが、さらにアンモニア水を加えると、再び濁りはなくなって美しい藍色に変化します。銅イオン Cu^{2+} にアンモニア分子が4つ**配位結合**して銅(Ⅱ)アンミン**錯体** $[Cu(NH_3)_4]^{2+}$ が生成するからです。

配位結合は、共有結合のように原子が電子を1個ずつ出し合って形成されるものではありません。銅アンミン錯体の場合、アンモニア分子が窒素原子上の非共有電子対(電子2つ)を銅イオンの空軌道に供与して結合します。このように配位結合では、配位する分子やイオン(**配位子**)が2個の電子を提供します。

錯形成はルイス酸とルイス塩基の反応とも考えられます。ルイスの定義(2-2項、表)によれば、電子対を提供する配位子は塩基、電子対を受けとる金属イオンは酸です。

▶▶ キレートは多座配位子

1つの金属イオンに結合する非共有電子対の数は一般に2〜6です。配位子が非共有電子対(**配位座**)を1組だけ持っていれば2〜6個が配位して錯体を形成します。錯体の形には直線形、正四面体形、正方形、正八面体形などがあります。

ところが配位子の中には2つ以上の配位座を持つものがあります。このような化合物は**キレート剤**、生成する錯体は**キレート**と呼ばれます。キレート剤は複数の配位結合によって金属イオンを包み込むように強く結合します。「キレート」の名は、獲物をはさんだカニのハサミに似ていることに由来します。キレート剤は金属イオンの滴定や抽出、副反応のマスク剤など、化学分析において幅広く利用されています。最もよく用いられるキレート剤はエチレンジアミン四酢酸(EDTA)です。

錯形成反応とは

配位結合と共有結合の違い

共有結合
電子を1個ずつ出しあう

配位結合
配位子が2個の電子を提供

錯イオンの構造（例）

正方形

正八面体形

エチレンジアミン四酢酸（EDTA）

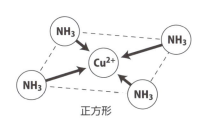

EDTA

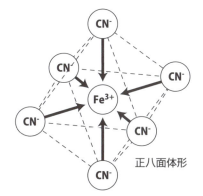

金属とEDTAの錯体

2-4

酸化と還元

酸と塩基が化学の一方の柱なら、酸化と還元はもう一方の柱です。酸化といえば木や鉄が酸素と反応する燃焼や錆びが思い浮かびますが、これらの他にも身近な酸化・還元反応が数多くあります。

▶▶ 電子を奪うのが酸化剤・電子を与えるのが還元剤

酸化は酸素がくっつくことまたは水素が離れること、還元は酸素が離れることまたは水素がくっつくこと——このように覚えるのが最も簡単な酸化・還元の理解です。

例えば、銅粉に炎を当てると黒色の酸化銅になりますが（酸化）、酸化銅を水素ガス気流中で加熱すると酸素がはずれてもとの銅に戻ります（還元）。

酸素と水素が登場する反応以外にも**酸化数**が定義されており、酸化数が増える反応が酸化、減る反応が還元とされます。酸化数の決め方は右ページ上図に示しました。酸化と還元は必ずセットで起こります。例えば塩酸などの強酸に金属マグネシウムを入れるとマグネシウムイオンができます。

$$Mg + 2H^+ \rightarrow Mg^{2+} + H_2$$

この場合、マグネシウムは酸化され、水素イオンは還元されたと解釈できます。また、この反応では水素イオンがマグネシウムから電子を奪っています。このように電子を奪うものを**酸化剤**、電子を与えるものを**還元剤**と呼びます。いっぽう、元素や化合物の形の変化と考えると、マグネシウムは**還元体**、マグネシウムイオンは**酸化体**です。

溶液中の酸化還元反応は速やかに定量的に進行するため、酸化還元滴定として利用されます。

▶▶ イオン化傾向は電子の放出しやすさを表す

高校の化学で学習する**イオン化傾向**の順。これは電子を放出する傾向の強さを表しています。強酸の中に入れたときにイオンとなって溶解しやすい順ともいえます*。

電子を放出する反応と電子を奪う反応を別々の容器内で行い、その間を導線で結べば導線内を電子が流れます。これが電池です。酸化と還元は電気と密接に結びついており、電気化学の基本でもあります。その分析への応用は第10章で詳しく解説します。

***溶解しやすい順** 酸化還元電位（10-3項）の順でもある。

酸化数とイオン化傾向

酸化数の求め方

1. 単体中の原子の酸化数は0（O_2のO、N_2のNなど）
2. 単原子イオンの酸化数はイオンの価数に等しい（Mg^{2+}のMgの酸化数は+2）
3. 化合物を構成する原子の酸化数の総和はその化合物の価数に等しい（SO_4^{2-}の酸化数の総和は-2、電気的に中性のCO_2の酸化数の総和は0）
4. 基本的に水素原子の酸化数は+1、酸素原子の酸化数は-2
5. 例外
   過酸化物の酸素原子の酸化数は-1（H_2O_2など）
   金属の水素化物の水素原子の酸化数は-1（NaHなど）

試薬に含まれる金属の酸化数に注意

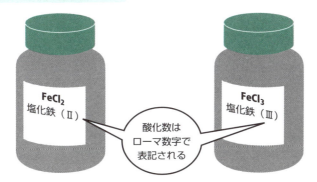

FeCl₂ 塩化鉄（Ⅱ）　　FeCl₃ 塩化鉄（Ⅲ）

酸化数はローマ数字で表記される

イオン化傾向

イオン化傾向大　←　　　　　　　　　　　　→　イオン化傾向小

K Ca Na Mg Al Zn Fe Ni Sn Pb （H₂） Cu Hg Ag Pt Au

（覚え方：借りようかな、まあ当てにすんな、ひどすぎる借金）

イオン化傾向の小さい金属が好きよ♡

2-5

溶解度と沈殿

固体を溶媒に溶かしていくと、多くの場合、これ以上は溶けないという限界の濃度があります。その濃度を超えた分の固体は、溶液にはならず固体のまま残ります。

▶▶ 溶解度は溶けやすさを表す

塩化ナトリウムは水に溶けやすい物質ですが、水100gに対して36g以上を加えると溶けきれずに結晶のまま容器の底に残ります。このような状態を**飽和**といいます。溶質の溶媒に対する溶けやすさは**溶解度**といい、通常溶媒100gに溶解する溶質の質量（g）で表します。

温度に応じて溶解度が大きく変化する物質は、高温の飽和溶液を冷却して結晶を析出させる**再結晶**によって精製することができます。

▶▶ 溶解度積は平衡定数

塩化物イオンを含む溶液に硝酸銀を加えると白濁します。塩化銀AgClの沈殿が生じるからです。沈殿というと固体が生じて沈む反応をイメージしますが、濁ったように見える場合やコロイド状になる場合もあります。右ページの表に、成分確認に用いられる沈殿反応の例を示しました。

沈殿の生成は**固液平衡**（または**沈殿平衡**）の式に従います。塩化銀の場合は次のようになります。

$$[Ag^+][Cl^-] = K_{sp}（一定）$$

K_{sp}は**溶解度積**と呼ばれます。これが小さいほどその物質は溶解しにくいことになります。ちなみにAgClの溶解度積は1.7×10^{-10} ($mol^2\ L^{-2}$) *という小ささです。

この式を見ると、銀イオンと塩化物イオンの濃度の比が1：1である必要はないことがわかります。どんな化合物由来であれ[Ag^+]が過剰にあれば、[Cl^-]が低濃度でも左辺がK_{sp}を超え、AgClの沈殿が生じます。このように別の化合物由来のイオンによって沈殿が生じやすくなることを**共通イオン効果**と呼びます。

沈殿反応はイオンの検出や滴定に用いることができます。また、沈殿を濾過してその質量を測定し、定量することもできます。（重量分析：4-3項）

＊ **AgClの溶解度積** 25℃における値。

沈殿

成分確認のための沈殿反応の例

対象物質	試薬	沈殿の色
亜ヒ酸塩（塩酸酸性溶液）	硫化ナトリウム試液	黄色
塩化物	硝酸銀試液	白色
カリウム塩（中性溶液）	酒石酸水素ナトリウム試液	白色（結晶性）
カルシウム塩	炭酸アンモニウム試液	白色
酢酸塩（中性溶液）	塩化鉄（Ⅲ）試液	赤褐色（煮沸で沈殿）
臭化物	硝酸銀試液	淡黄色
炭酸塩	硫酸マグネシウム試液	白色
第一鉄塩（弱酸性溶液）	ヘキサシアノ鉄（Ⅲ）酸カリウム試液	青色
第二鉄塩（弱酸性溶液）	ヘキサシアノ鉄（Ⅱ）酸カリウム試液	青色
ナトリウム塩（中性または弱アルカリ性濃溶液）	ヘキサヒドロキソアンチモン（Ⅴ）酸カリウム試液	白色（結晶性）
ヨウ化物	硝酸銀試液	黄色
硫酸塩	塩化バリウム試液	白色

第17改正日本薬局方『定性反応』（医薬品の確認試験）より抜粋

HgSは極めて水に溶けにくい

HgSのK_{sp}：4×10^{-53} (mol^2 L^{-2})

これ以上多いと沈澱するよ

信じられないほど溶けにくい奴らだな

280Lの浴槽にHg^{2+}とS^{2-}が1個ずつ

G.D.クリスチャン著、原口 紘炁 監訳『クリスチャン分析化学Ⅰ基礎編』（丸善、2005）P.366 の記述に基づく

2-6 極性

極性は、身近なようでわかりにくい、わかりにくいようで誰でも知っている、不思議な概念です。分析化学の様々な手法で極性の理解が重要になります。

▶▶ 分子の中の電子の偏りが極性を生み出す

サインペンに水性と油性があるように、物質には水に溶けやすいものと油に溶けやすいものがあります。この性質の違いは、分子の中の電子の偏りから生じます。

共有結合した原子と原子は2個の電子（電子対）を分け合っています。でも、電子を引き付ける力に違いがあると、電子の分布はわずかに偏ります。原子が電子を引き付ける力（**電気陰性度**）の差が大きいほど電子の偏りは大きくなり、**極性**が生じます。ただし二酸化炭素のように直線状の分子は、炭素と酸素の間に電気陰性度の差があっても分子全体として偏りがなくなるために無極性です。また、あまりに電気陰性度の差が大きいとイオン結合になります。極性の概念は共有結合性分子についてのもので、イオン結合には使いません。

▶▶ δ＋とδ－が引き付けあう

電子の分布を化学構造式で表すときには、分子の中でわずかにプラス電荷を帯びた部分にδ＋、マイナス電荷を帯びた部分にδ－の符号を付けます。δは「少し」の意味でデルタと発音します。δ＋部分は近傍の別の分子のδ－部分と引き付けあうので、極性分子どうしはよく混ざります。水素原子のδ＋が他の分子中のδ－と引き付けあって形成されるゆるい結合を特に**水素結合**といいます。水素結合する化合物は下図のように同じ周期の他の元素の化合物よりも高い沸点を示します。

同じ分子内に極性部分と無極性部分を持つものがあります。石けんや洗剤は身近な例です。無極性部分が脂溶性化合物と親和し、極性部分が水と親和することによって洗浄効果を発揮します（**界面活性剤**）。一般に直鎖状の炭化水素は無極性で、酸素や窒素を含む官能基は極性です。カルボキシル基（—COOH）のように解離する基は特に高極性となります。

極性は抽出やクロマトグラフィーにおいて頻出する重要な概念です。

極性と水素結合

極性分子・無極性分子

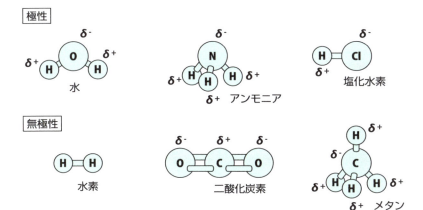

水素化合物の沸点

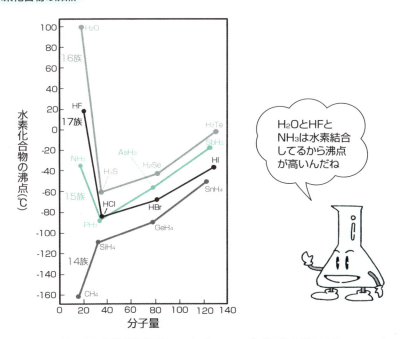

数研出版編集部『改訂版 フォトサイエンス化学図録』(数研出版、2013)より

2-7 分配

水と油のように混じりあわない二種類の液体は二つの層を作ります。溶質がここに溶け込むとき、水層に溶ける濃度と油層に溶ける濃度の比率は一定になります。これを分配平衡といいます。

▶▶ 溶けあわない二層

　流体どうしが接しているのに混じりあわない――どんなものが思い浮かぶでしょう。身近な例として、ラーメンのスープに浮かぶ脂や、分離液状ドレッシングなどがあります。また、気体と液体の組み合わせもほぼ混じりあいません。

　ラーメンスープの成分には油に溶けやすいものも水に溶けやすいものもあり、それぞれの物質ごとに固有の比率で油脂層と水層に溶け込んでいます。気体と液体、例えばラムネ瓶の中では、二酸化炭素が一定の比率で気相中と水相中に存在します。このように混じりあわない複数の層（相）の間に物質が分布することを**分配**といいます。

　固有の比率といっても、成分の絶対量比ではなく濃度*の比が一定になるのが分配の特徴です。式で表すとこうなります。

$$\frac{相1中の濃度}{相2中の濃度} = K_D （一定）$$

　K_Dは**分配係数**と呼ばれます。分配係数は相1と相2の量比に無関係で、どちらかが極端に多くても、あるいは少なくてもこの式に従います。また、濃度にも基本的に無関係で、希薄な場合も高濃度の場合も成立します。

▶▶ 分配の応用範囲は幅広い

　分配を使って物質を分けることができ、K_Dの違いが大きい物質の組み合わせほど良好に分離できます。分配平衡は幅広い分析操作で登場します。液液抽出、固相抽出（一部）、金属イオンのキレート抽出、超臨界流体抽出、クロマトグラフィー（一部）、ヘッドスペース法、向流分配などがあります。それぞれの操作は見かけがまったく違いますが、実は同じ「分配」が共通原理になっていることを覚えておきましょう。

***濃度**　気体では濃度でなく分圧を使用。

2-7　分配

分配の原理と分離

分配の仕組み

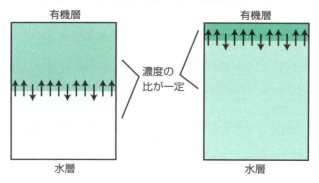

層と層の間では物質が移動して平衡状態になっている

濃度の比が一定

有機層／水層

分配を利用する分離技術

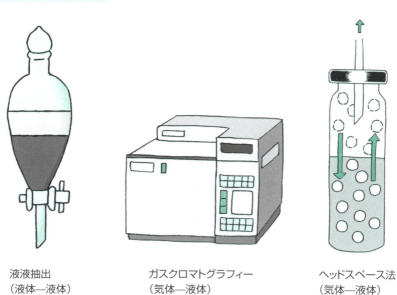

液液抽出
（液体—液体）

ガスクロマトグラフィー
（気体—液体）

ヘッドスペース法
（気体—液体）

2-8
実験器具と使用方法

　分析操作には様々な種類の器具を使用します。測容器とそれ以外の容器とでは扱い方が異なりますからきちんと区別してください。

▶▶ ガラス器具を割ったときにベテラン度がわかる？

　実験用器具を使いこなすには、まず名前を覚えましょう。名称は周囲の人に質問するか、または、器具カタログを見ればカラー写真付きで掲載されています。

　ガラス器具は割れやすいので十分に注意して取り扱います。しかし、割ってしまう、あるいは割れてしまう事態はそれなりの頻度で発生します。その際は決して取り乱さず、冷静に行動してください。パリンと音がしたときの落ち着き方でベテラン度がわかるといってもいいくらいです。

　1番目に重要なのが自分自身や周囲の人の安全です。飛散した内容物やガラスの破片の範囲、危険度を判断し、注意を呼びかけ、換気や中和、拡散防止をします。2番目に重要なのは分析結果への影響です。こぼしてしまった場合、それは試料の全部か一部か、破損した容器内に残った試料は廃棄してよいのかなどを判断します。3番目が実験室の原状回復です。特に、こぼれたものが次回以降の分析で汚染原因とならないよう気を付けなければなりません。ガラスのこまかな破片も危険ですから残さないよう清掃します。

▶▶ 洗浄と乾燥

　器具の洗浄剤にはアルカリ性、酸性、酵素系などがあり、汚れに応じて使い分けます。無機系の汚れは酸に浸漬して除きます。洗浄方法も実験室によってつけ置きや超音波洗浄機使用の有無などの違いがあります。すべてに共通しているのは、きれいに洗った器具の表面には水の膜が均一に広がることです。汚れが残っているとその部分は水をはじくため均一になりません。その場合は洗浄しなおします。洗浄後は蒸留水などでリンスするのが一般的です。

　ピペット、メスフラスコ、ビュレットなどの測容器はわずかな狂いも許されませんから、ブラシでこすったり加熱乾燥したりしてはいけません。

2-8 実験器具と使用方法

実験器具のいろいろ

測容器の種類
先端の欠けたピペットは定量に使わない

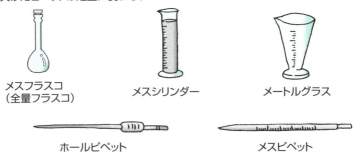

測容器以外のガラス器具
これらの器具に付いている目盛りは目安なので体積の測定に用いてはならない

試薬瓶はラベルの貼られた側を持つ

定量用器具の操作

測容器には、容器から流出した体積を正確にはかるもの（**出用器具**）と容器内に入れた体積を正確にはかるもの（**受用器具**）があります。出用器具にはExまたはTDの符号が、受用器具にはInまたはTCの符号が付けられています。それぞれの器具の大きさは、2mL、100mLなどの**呼び容量**で区別され、**許容誤差**が表示されています。これらは20℃で検定されていますから、この温度より熱いものや冷たいものをはかると誤差が大きくなります。

容器の中の液体が作る液面のことを**メニスカス**といいます。メニスカスと標線または目盛りとの合わせ方は下図のとおりで、すべての器具に共通しています。

ホールピペットを使用するとき、液体を流出させて最後に先端に残った液については、押し出して排出する方法（JIS準拠品）と排出しない方法（ISO準拠品）があります。使用するピペットの規格を確認しましょう。

メスフラスコは測容器であって保存のためのものではありませんから、調製した試薬は別の容器に移して保存します。

マイクロピペットは少量の液体の分注に利用される器具で、ダイヤルで採取量を合わせる仕組みです。これは使用と共に狂いが生じてきますから、定期的に校正します。水を吸入・吐出し、その水を分析用天びんでひょう量する校正法は**重量法**と呼ばれ、国際的に推奨されている方法であり、JISにも詳細な手順が規定されています。(JIS K 0970：2013ピストン式ピペット)

マイクロシリンジは微量の液体の体積を測定するときに使用する器具で、ガスクロマトグラフィーや液体クロマトグラフィーにおいて試料液の注入用に使われます。

分液漏斗やビュレットの使用法、濾紙の折り方については次章以降の個別の操作法で述べます。

メニスカスの合わせ方

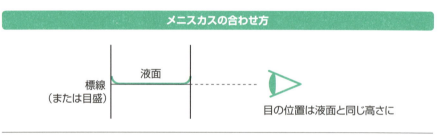

実験器具の使い方

ホールピペット・メスピペットと安全ピペッターの使い方

吸い上げるときは先端が液面から出ないように注意

標線を合わせたらピペットの先端を内側に接触させて液滴を除く

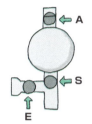
①Aを押しながら空気を抜く
②Sを押して吸引
③Eを押して標線合わせ・排出

マイクロピペットの使い方例

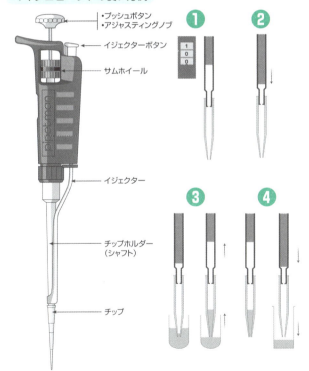

・プッシュボタン
・アジャスティングノブ
イジェクターボタン
サムホイール
イジェクター
チップホルダー（シャフト）
チップ

❶ 容量の設定
希望する容量に目盛りをセットします。ピストンが適切な位置に移動します。

❷ 吸引の準備
液体を吸引するために、あらかじめピペットのプッシュボタンを押し下げます。ピストンが下がり、設定された液体の容量と同量のエアーが排出されます。

❸ 液体の吸引
チップを液体に浸し、プッシュボタンを元に戻します。チップ内部が負圧になります。周囲の大気圧に押されて、設定された容量の液体がチップの細い穴を通ってチップの中へ入ります。

❹ 液体の吐出
再びピペットのプッシュボタンを押し下げます。チップホルダーおよびチップ内の気圧が増し、圧縮されたエアーが液体をチップの外へ押し出します。

ギルソン社 「マニュアルリキッド ハンドリングガイド第3版」（エムエス機器）より

2-9 試薬の選び方と使い方

水・有機溶媒・各種試薬には製造や保管の過程で混入する微量の不純物が含まれますが、ときにこれらは分析を妨害します。化学分析には、用途に合わせて精製を行った水や、様々なグレードの試薬を使用します。

▶▶ 水にもいろいろある

化学実験室で使用する水には蒸留水、イオン交換水、純水、超純水など＊があります。このうち**純水**と**超純水**は水の純度を意味していますが、明確な基準に基づく名称ではありません。JIS K 0557：1998（用水・排水の試験に用いる水）では水の種類及び質を右ページ上表のようにクラス分けしています。ただし「試験方法によっては、項目を選択してもよい」と注にあり、用いる目的によって最適な水の条件は一律でありません。

多くの実験室では蒸留水製造装置が備え付けられており、これからイオン交換水と蒸留水を採水できます。また、超純水製造装置も幅広く利用されています。「超純水」の規格はJISにはありませんが、用語の定義（JIS K 0211）及び「超純水中の有機体炭素（TOC）試験方法」などの試験法があります。

また超純水製造装置メーカーによる「超純水使用の10のルール」を示しました。この中で「用時採水」は特に重要です。実験室で製造した水だけでなく、市販のHPLC用蒸留水なども開封後はどんどん空気中の物質を溶解して汚染が進みますから、開封後一定期間を経た水は廃棄するか洗浄用などの用途にまわすようにします。

▶▶ 試薬を購入するときはグレードを指定

試薬のグレードには、JISや日本薬局方といった公的に定められた規格と、各メーカーが独自に制定した生化学用、スペクトル分析用、残留農薬試験用などの規格とがあります。購入するときには必ずグレードを指定します。高純度なものほど高価格ですから、使用目的に合わせて選択します。

溶媒や溶液をピペット類でとるときには、ピペットを直接試薬の瓶に入れてはいけません。必要量より少し多めに共栓付き三角フラスコなどに取り分け、そこへピ

＊**水** 日本薬局方には「精製水」の規格がある。

ペットを入れます。取り分けた溶媒や溶液が余っても元の瓶には戻さず廃棄します。
　アルカリ性の溶液をガラス瓶に保存するとガラスの成分が溶出するので、プラスチック製容器に保存します。

試薬を使うときには

用水・排水の試験に用いる水　種別及び質（JIS K 0557：1998）

項目	種別及び質			
	A1	A2	A3	A4
電気伝導率　mS/m（25℃）	0.5以下	0.1以下	0.1以下	0.1以下
有機体炭素（TOC）mgC/L	1以下	0.5以下	0.2以下	0.05以下
亜鉛　μgZn/L	0.5以下	0.5以下	0.1以下	0.1以下
シリカ　μgSiO$_2$/L	―	50以下	5.0以下	2.5以下
塩化物イオン　μgCl$^-$/L	10以下	2以下	1以下	1以下
硫酸イオン　μgSO$_4^{2-}$/L	10以下	2以下	1以下	1以下

各種別の水の用途や測定法は元の規格を参照

超純水を使用するために守るべき10のルール

- ルール❶　用時採水する
- ルール❷　採水環境を改善する
- ルール❸　溶出の少ない容器・器具を用いる
- ルール❹　容器を十分に洗浄し,適切に保管する
- ルール❺　容器を使い分ける
- ルール❻　初流を排水する
- ルール❼　採水口をきれいに保つ
- ルール❽　泡立てずに採水する
- ルール❾　洗ビンに入れた超純水は適宜入れ替える
- ルール❿　採水するときには水質計を確認する

日本ミリポア（株）ラボラトリーウォーター事業部『水は実験結果を左右する！　超純水超入門』（羊土社、2005）より

試薬使用時の注意事項

取り出した試薬は瓶に戻さない

同じ薬さじで2種以上の試薬を取らない

潮解性、吸湿性の試薬は手早く扱う

2-10 液体状試薬

液体状の汎用試薬には、100%よりかなり低い濃度の製品のみが市販されているものがいくつかあります。これらは化学屋の常識に属する知識なので覚えておきましょう。

▶▶ 100%でないのが常識の試薬！？

化学実験室で「塩酸」「硝酸」などと呼ばれるのは100%のものではありません。右ページ上表に示した11の試薬については、JISの規定では、試薬名または化学式のみでここに記した濃度のものを意味します。ですから、単に「塩酸」なら35.0～37.0%、「硝酸」なら60～61%のものを指します。

この11の試薬を希釈したものについては「試薬名（a＋b）」または「化学式（a＋b）」で、試薬の体積aと水の体積bを混合したことを示すことができます。なお、塩酸・硝酸・硫酸などを水で希釈する際には、酸に水を加えるのでなく、水に対して酸を少しずつ加えます。この際発熱の大きいものは氷水などで冷却しながら行います。

▶▶ 希酸の調製方法

液体状の試薬から特定のモル濃度の希釈液を調製する場合は、次のように密度または比重を使って計算します。

［例題］ 96.0%（質量分率）の硫酸H_2SO_4（密度1.84g/cm^3）を希釈して0.100mol/LのH_2SO_4を1L調製するには硫酸を何mL使えばよいか。（H_2SO_4の式量：98.1）

［解答］ x mLの硫酸をとると考えると、その中に含まれる正味のH_2SO_4は1.84x × 0.960 ÷ 98.1（mol）、いっぽう0.100mol/Lの希酸1Lに含まれるH_2SO_4は0.100 × 1（mol）、これらを等式で結んで

$$\frac{(1.84x \times 0.960)}{98.1} = 0.100 \times 1$$

これを解いてx = 5.55（mL）

厳密な濃度調整を必要としない洗浄用の希酸などについては、原液のモル濃度を暗記しておいて希釈するのが便利です。計算方法も右ページの［解答］に示しました。

2-10 液体状試薬

試薬とモル濃度

水との混合比で表すことのできる試薬（JIS K 0050：2001 化学分析方法通則）

名称	化学式	純度又は濃度 %(質量分率)	参考	
			モル濃度 (約) mol/L	密度(ρ)(20℃) g/cm³(g/mL)
塩酸	HCl	35.0〜37.0	11.7	1.18
硝酸	HNO_3	60〜61	13.3	1.38
過塩素酸	$HClO_4$	60.0〜62.0	9.4	1.54
ふっ化水素酸	HF	46.0〜48.0	27.0	1.15
臭化水素酸	HBr	47.0〜49.0	8.8	1.48
よう化水素酸	HI	55.0〜58.0	7.5	1.70
硫酸	H_2SO_4	95.0以上	17.8以上	1.84以上
りん酸	H_3PO_4	85.0以上	14.7以上	1.69以上
酢酸	CH_3COOH	99.7以上	17.4以上	1.05以上
アンモニア水	NH_3	28.0〜30.0	15.4	0.90
過酸化水素	H_2O_2	30.0〜35.5	―	1.11

表と異なる純度または濃度の試薬を用いる場合は，その純度，濃度または密度を試薬名の後に記載する。

アンモニア水の規格は、質量分率28%と25%がある。

このモル濃度を覚えておけば何かと便利

求め方はこっち

酸の原液のモル濃度計算法

[例題] 36.0%（質量分率）の塩酸HCl（密度1.18g/cm³）のモル濃度（mol/L）を求めよ。（HClの式量：36.5）

[解答] 塩酸1L中に含まれる正味のHClの質量は
　　$1000 \times 0.36 \times 1.18 = 424.8$ (g)
これを式量で割って
　　$\dfrac{424.8}{36.5} = 11.6$ (mol)
これが1Lに含まれている物質量なので求める濃度は <u>11.6 mol/L</u>

2-11
電子天びんの使用方法

ひょう量はあらゆる定量分析の基本。天びんではかった試料量や標準品の量が分析値算出の根拠になるだけではありません。天びんはピペットなどの校正にも使われ、実験室全体の精確さの拠りどころともなっています。

▶▶ 天びんは精確さのカナメ

化学系実験室に備えられている測定用の器具・機器類の中で、通常は電子天びんが最も精確な値を示すと期待されます。広く普及しているタイプの電子天びんは6～7桁の測定精度を持ち、ピペット類の精度（3～4桁程度）をはるかにしのぎます。

天びんの校正には**分銅**を用います。1994年国際法定計量機関（OIML）によって勧告された規格に基づく**OIML分銅**が市販されています。この規格では許容誤差によってE_1からM_3までの9段階の等級が定められています。ただし日本の国家計量標準へのトレーサビリティ＊を確保するためには、JCSS制度により登録された認定事業者による校正証明書が付いた分銅（**JCSS分銅**）が必要です。

天びんはマイクロピペットの校正など他の測定機器・器具の標準としても使われ、夜空の北極星、または測量の三角点のように、化学系実験室の中であらゆる分析値の基礎となっています。

▶▶ 使用上の注意

電子天びんの機構はメーカーによって違いがありますが、電気的な信号を質量に換算して表示する点では共通しています。そのため、緯度や高度の異なる場所に移設して重力が変わった場合や、温度変化によって電気系の応答が変化した場合には測定値と実際の質量との間にずれが生じます。このずれを補正するため頻繁に**校正**が必要です。最近は内蔵分銅を用いて校正を自動的に行う天びんが多くなっています。

天びんの使用上の注意を表に示しました。分銅や試料容器は直接手で触れないようにします。下図には温度の影響を示しました。室温が低い場合は測定者の体温も影響を与えますから、試料容器や分銅の出し入れに使うピンセットは柄の長いものにします。また、天びんは取扱説明書に従って日常点検と定期点検を行います。

＊**トレーサビリティ** 12-11項で解説する。

2-11 電子天びんの使用方法

電子天びん

電子天びん及びOIML分銅の例

電子天びん
ザルトリウス・ジャパン
株式会社　提供

OIML分銅
メトラー・トレド
株式会社　提供

電子天びんの設置・使用上の注意点

設置場所	直射日光やエアコンの風が当たらない、温度変化が小さい場所 ドアの開閉で部屋の空気が大きく動かないこと 必要に応じ「覆い」をする 振動の少ない場所
設置方法	水平が正しくとれていること(水準器の気泡は常時チェック) 頑丈な台(できれば除振台)の上に設置
使用前の点検	十分な暖機運転(電源を入れてから時間をおく) 天びん室内や皿の上に汚れがないか(粉末はハケなどで掃除) 分銅を使って感度校正を実施
試料の性質	静電気や磁気を帯びる試料に注意(静電気除去装置の使用など) 測定中の吸湿や揮発に注意(密閉できる容器の使用など)
試料の容器	精密なひょう量では薬包紙よりビーカーなどを使用 素手で触れず、ピンセットや薬包紙を使って持つ(汗等の付着を防ぐ)
分銅	素手で触れない(錆びなどによる質量変化の原因) 取り扱いは木製または先端に樹脂やゴムカバーのついたピンセットで傷を付けない。湿気、ホコリ、腐食性ガス等を避ける

ひょう量時の温度の影響

温度の高い被検体による気流

ビーカー内の空気の膨張

宮下文秀,ぶんせき,**2008**(1),2　参考

2-11 電子天びんの使用方法

COLUMN 「はかる」ための巨大な装置

　技術の進歩によって、高機能でありながら小型の分析機器が次々と開発されています。その一方で想像を超える大きさの装置も建設されています。

　7-2項で紹介するSPring-8とSACLA（さくら）もそうです。SPring-8の光源リングは直径約450 m、SACLAの施設全長は約700 mです。

　大きさでは地下ニュートリノ観測装置スーパーカミオカンデにも圧倒されます。5万トンの超純水を蓄えた直径39.3m、高さ41.4mの円筒形タンクの壁に約1万3千本の検出装置がびっしり取り付けられています。

　そして2016年2月には人類史上初めて観測された重力波がニュースになりました。その観測装置、アメリカのLIGO（ライゴ）は長さ約4 kmの腕を2本L字型に組み合わせた形です。重力波の観測では日本のKAGRA（かぐら）も期待されており、国際的に複数の装置で協調して観測する体制が組まれようとしています。

　スーパーカミオカンデに使われている光電子増倍管、LIGOやKAGRAに使われているマイケルソン干渉計は、それぞれICP発光分析装置や赤外分光光度計にも使われている技術です。自分のラボにある装置とのつながりを知れば、科学のニュースがより身近に感じられるのではないでしょうか。

第 **3** 章

試料採取と前処理

分析の作業は試料の採取から始まります。もちろん試料採取に先立って、分析目的の明確化と適切な試料採取計画が非常に重要です。また、試料の前処理は分析担当者の腕の見せどころといわれるほどノウハウが蓄積されています。

3-1
試料採取から前処理までの流れ

　化学分析の対象となる試料は、環境・食品・医薬品・生体試料・化学工業製品・材料・考古学史料・鑑識資料など様々です。また、その形態も、気体・液体・固体・エアロゾル・けん濁液・粉末・ゲル状物質・混合物など千差万別です。これらを採取し、必要な前処理を行って、目的に合った分析操作のできる形態にします。

▶▶ 分析目的に合ったサンプリング法と前処理法を選択

　化学分析は物質を変化させない**非破壊型**の方法と変化させる**破壊型**の方法とがあります。破壊型の方法では、基本的に分析対象物をすべて分析に使用するわけにはいかないので、一部を取り出して分析します。また、非破壊型の方法であっても、装置などの制約から測定できる物質の量が限られる場合が多いものです。したがって、一部を試料として取り出して分析することになります。

　試料はそのまま機器分析や滴定を行える場合もありますが、多くの場合、**前処理**が必要です。前処理は、①試料を分析に適した形態にする（固体を溶液にするなど）、②測定感度に合わせて濃縮または希釈する、③分析を妨害する成分を取り除くなどの目的で行います。分析対象物質を**分析種**（**アナライト**）、分析種以外の試料由来成分の集合を**マトリックス**と呼びます。

　右図には試料採取から前処理を経て試料液調製・測定までの手順の例を示しました。一口に前処理といっても、シンプルなものから多数工程にわたるものまで様々です。試料の性状、利用する検出法、要求される精度、時間や費用の制約などを考慮して前処理法を選びます。前処理法は概して個別的で修得が難しく、分析担当者は「前処理法を自分で設計できれば一人前」「前処理が腕の見せどころ」といわれます。

　それでも、前処理の基本的な操作や原理は様々な分野の分析で共通しています。また、その進歩の方向も共通しています。すなわち、自動化、迅速化、省力化、少量試料、省溶媒・省試薬、機器の選択性向上により精製工程を省く──などが進んでいます。

　限られた紙幅で試料採取と前処理のすべてはとても語れませんが、本章ではよく使われる方法を紹介し、化学分析の現場のイメージがつかめるように工夫しました。

3-1 試料採取から前処理までの流れ

測定までの流れ

水道水中の揮発性有機化合物（トリハロメタン類等）

試料採取（ガラス製容器）
　｜
保管・運搬
　｜
パージ・トラップ法
またはヘッドスペース法
　｜
ガスクロマトグラフィー質量分析

食品用プラスチック容器（フェノール樹脂、メラミン樹脂）中のホルムアルデヒド

試料
　｜
溶出試験
水に60℃、30分間浸漬
（使用温度が100℃を超える場合は95℃）
　｜
試験溶液にりん酸を加えて水蒸気蒸留
　｜
留液にアセチルアセトン試液を加え加熱
　｜
比色試験

野生生物のダイオキシン類蓄積状況調査（鳥類）

試料採取
（捕獲、有害鳥獣駆除申請者からの譲り受け等）
　｜
年齢・性別査定・外部計測
　｜
保管・運搬
　｜
脂肪組織採取
（小型の鳥類などは脂肪含量の高い肝臓や腎臓等の器官）
　｜
ホモジナイズ
　｜
抽出
（アルカリ分解抽出・ソックスレー抽出等）
　｜
脱水・濃縮
　｜
精製（多層シリカゲルカラムクロマトグラフィー、硫酸処理＋シリカゲルカラムクロマトグラフィー等）
　｜
濃縮
　｜
精製
（アルミナカラムクロマトグラフィー、活性炭カラムクロマトグラフィー等）
　｜
分画
濃縮
　｜
ガスクロマトグラフィー質量分析

絵画の顔料

絵画
　｜
蛍光X線分析装置によるその場分析

シンプルなもの、複雑なもの、いろいろだね

第3章　試料採取と前処理

3-2 サンプリングに関する用語

　分析しようとする対象から一部を取り出して試料にする際、取り出し方は何通りも考えられます。取り出し方に応じて、試料や採取法を表す用語があります。

▶▶ 母集団を代表する試料を得る

　分析の対象となる特性を持つすべてのものの集団を**母集団**と呼びます。母集団からその特性を調べる目的で採取したものを**試料**と呼びます。

　犯罪現場に残された微小片を赤外顕微鏡で分析する場合のように、母集団の全部を試料にすることもあります。しかし多くの場合試料は母集団の一部、ときにはごくわずかな一部です。したがって、分析目的に応じてできるだけ忠実に母集団を代表する試料を採取しなければなりません。試料採取は**サンプリング**ともいいます。（統計的な扱いは「12-5項　母集団と標本」を参照。）

　母集団がいくつかに分かれている場合があります。その中で性質が等しいとみなされるまとまりは**ロット**あるいは**バッチ**と呼ばれます。例えば酒造所で生産されるある銘柄の日本酒を母集団とするとき、同じ樽で一度に製造され小分けされたものは一つのロットと考えられます。

▶▶ 試料を混合するコンポジット試料、試料を分割する縮分

　試料採取器を使って一動作によって採取される試料の量を**インクリメント**といいます。これは廃棄物や粉塊混合物などの場合によく使われる言葉です。

　試料調製後、試験室へ送付された試料を**試験室試料**といいます。母集団がいくつかのロットから成り立っているとき、それぞれのロットから得られた試験室試料を、ロットの量に比例するように混合して得られた測定用試料を**コンポジット試料**と呼びます。コンポジット試料を調製して分析すれば、少ない分析回数で全体を推定することができます。

　一つの試料を、化学的及び物理的特性が同じであるいくつかの試料に分ける操作を**縮分**といいます。これは試料が多量で扱いにくい場合に行われます。

3-2 サンプリングに関する用語

サンプリングするときに

ロット

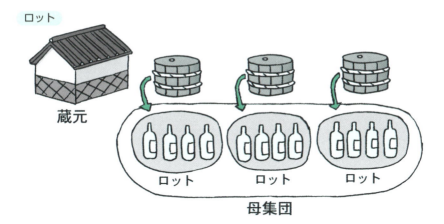

インクリメント採取用スコップ（JIS　K　0060：1992）

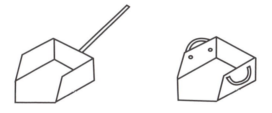

コンポジット試料

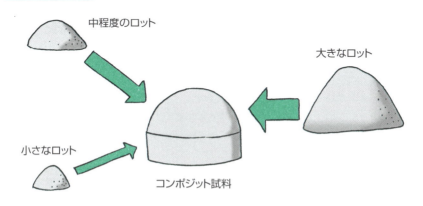

3-3 環境試料のサンプリング

　空気や水など環境試料の組成は、採取地点、天候、気温、生物相、人為的営み、採取方法などの影響を受けて変動します。また、分析は採取地点から離れた試験室で行う場合も多く、空容器を使ったトラベルブランク試料の作成も必要です。JISには産業廃棄物、工業用水、工場排水などについて試料採取法が定められています。

▶▶ 気体試料

　気体試料には大きく分けて**ガス状物質**と**粒子状物質**があります。

　ガス状物質は、自動測定機を用いる場合と、試料を捕集して前処理した後に分析する場合とがあります。捕集方法としては直接容器に入れる容器捕集、液体に溶解させる液体捕集、吸着剤で捕集する固体捕集などがあり、器具としてはインピンジャー、キャニスター、捕集バッグ、注射筒などを使用します。

　粒子状物質は、主にポンプによる吸引とフィルターによる捕集を行います。ハイボリウムエアサンプラーなどを使用して、捕集した粒子状物質の質量を測定し、含まれる重金属やダイオキシンを分析します。

▶▶ 水試料

　水もガス状試料と同様、自動測定機による分析と捕集による分析があります。捕集には、バケツやひしゃくのように簡単な器具から、一定の水深の試料を採取できるハイロート採水器、バンドーン採水器のような複雑な器具まで、目的に応じて使われています。

▶▶ 固体試料

　固体試料としては土壌、底質や廃棄物があります。

　これらは組成が不均一な場合が多く、母集団を代表する試料の採取が特に困難です。採取器具としては移植ゴテ、スコップ、ダブルスコップ、ハンドオーガーなどが使われます。土壌ガスの分析も行う場合は、地面にガス採取孔を空けて管を挿入して採取します。

3-3 環境試料のサンプリング

試料採取用器具の例

気体試料の採取用器具

キャニスター

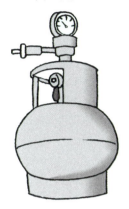

内部を真空にしておき、採取場所で開放して気体を捕集する。

インピンジャー

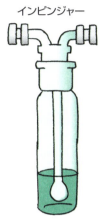

吸収液を入れ、試料の気体を通気して分析種を捕集する。

液体試料の採取用器具

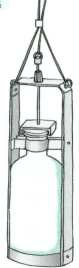

ハイロート
採水器の例

固体試料の採取用具

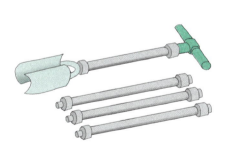

ハンドオーガーなど

3-4
その他の試料のサンプリング

サンプリング方法によって分析値は大きく変わる可能性があります。各分野で、分析試料の特質に応じた採取法が用いられています。

▶▶ 食品試料

　食品中の残留農薬や添加物濃度の分析値は、それに基づいて輸入・販売がストップされる場合があるなど大きな経済的影響を与えることがあります。残留農薬は外皮部分に多く付着するため、試料の採取部位により結果は大きく影響を受けます。したがって、必ず公定法（食品衛生法の規定に基づく「食品、添加物等の規格基準」）に書かれた方法に基づいて試料採取を行います。農産物の場合は、原則として食物として口に入れる部分を分析部位とし、皮むきや水洗などの手を加えずに試料とすることとされています。果実など約1kgを細切均一化した後に、試験法に必要な量だけ採取します。

▶▶ 生体試料

　ヒトの臨床試料としては尿、血液、組織、腹水、髄液などがあり、動物実験試料としては、尿、血液、組織、糞などがあります。これらは注射器などを使って採取します。検査項目によっては日内変動が大きいものがあり注意が必要です。また、生体試料を扱う際には病原体の感染に十分注意します。

▶▶ 工業試料その他

　大量の固体試料からのサンプリングで最も簡単かつ信頼できるのは、試料が移動している段階でのサンプリングです。ラインを流れている製品から、何個に1個、何m^3に1回などの頻度で抜き取ります。

　セメントなどの粉塊試料には**四分法**が用いられます。これは中図のように4分の1ずつに試料を減らして偏りを生じずに縮分する方法です。

　交通事故現場などに残された微小片のサンプリング用に、ピンセット先端をCCDカメラで観察しながら試料をつまみ上げる装置が発売されています。

3-4 その他の試料のサンプリング

試料採取の注意点

残留農薬分析のための農作物採取部位の例（食品、添加物等の規格基準）

食品の種類	検体とするもの
米	玄米
オレンジ、グレープフルーツ、なつみかんの果実全体、ライム及びレモン	果実全体
なつみかん及びみかん	外果皮を除去したもの
なつみかんの外果皮	へたを除去したもの
バナナ	果柄部を除去したもの
トマト、なす及びピーマン	へたを除去したもの

作物ごとに細かく決まっているんだね

四分法（試料が適当量になるまで繰り返す）

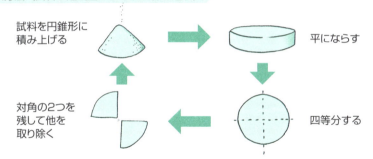

試料を円錐形に積み上げる → 平にならす → 四等分する → 対角の2つを残して他を取り除く

CCDカメラ付きペンシル型サンプリング装置による微小片の採取

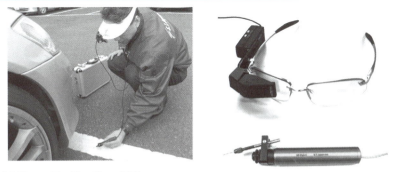

株式会社エス・ティ・ジャパン　提供

3-5

分解・溶解

　粉末状の水溶性医薬品や食品添加物、またオイル状の食品や工業製品などの多くは、水や有機溶媒に単に溶解することで均一な溶液が得られます。一方で、強酸や強塩基、加熱や加圧を使わなければ溶液化できない試料も多く存在します。

▶▶ 過酷な条件での溶解が必要な試料

　金属、合金、岩石などは、中性の水や有機溶媒には溶解しません。そのため、強酸や強塩基や高熱を利用して溶解します。そのような過酷な条件で溶解すると分析種の化合物は変化してしまう可能性もありますが、ICP発光分析や原子吸光分析、ICP質量分析などで元素組成の分析を行う場合には差し支えありません。

▶▶ 基本は酸を使用する湿式分解

　右ページの上表には金属の分解・溶解に用いられる酸の特徴を示しました。基本的に周期表の左側に位置する元素ほど塩基性が強く（アルカリ金属やアルカリ土類金属など）酸によく溶解します。いっぽう、周期表の中央から右側に位置する元素はイオン化傾向が小さいものが多く、酸による溶解が簡単でありません。これらは硝酸や王水などの酸化性の酸を用いて溶解します。より強力な酸としては過塩素酸やふっ化水素酸もあり、また、アルカリ塩を加えて融解する方法もあります。

　加熱には従来電気炉が使われてきましたが、近年は**マイクロ波抽出**が普及してきました。これは試料をセラミックス製の耐圧容器に入れて密封し、電子レンジと同様のマイクロ波を照射して溶解を行うものです。

　有機系のマトリックスに含まれる金属（食品中の添加物二酸化チタン、生物試料中の微量金属など）の定量には、金属試料と同じく酸を加える分解法（**湿式分解**）の他に**乾式灰化**も採用されてきました。これは、磁性**るつぼ**または白金るつぼに試料を入れて、まずホットプレートなどで100℃前後に加熱して水分を飛ばし、次に550～600℃のマッフル炉で加熱して灰化する方法です。試料は少量の灰になりますから、これを希酸に溶解して試料液とします。この方法は開放系で行うため汚染や飛散の可能性があり、近年は密閉系での前処理が多くなってきています。

3-5 分解・溶解

分解・溶解に使われるもの

鋼試料の分解に用いる酸

酸	特性
塩酸	・水素よりイオン化傾向の大きい金属を分解。 ・還元性を有する溶解作用で金属酸化物、過酸化物を分解。
硝酸	・金属の溶解に適し、イオン化系列のAgまで分解可。
塩酸と硝酸の混酸	・王水(塩酸3、硝酸1)は強力な酸化型溶解作用でV,Ir,Pt,Au,Hgなどの金属及び合金を分解可。 ・鉄鋼分析では塩酸1+硝酸1の混酸を多用。
硫酸	・低温では酸化力なく鉄は二価で溶解。 ・高温では酸化力あり。 ・希硫酸のほうが溶解力大。 ・沸点が高いので塩酸、硝酸、ふっ化水素酸、過塩素酸などを加熱除去可。

妹尾健吾 , ぶんせき ,**2006** (5), 213 の表より抜粋

るつぼとるつぼはさみ

マイクロ波を利用する試料分解

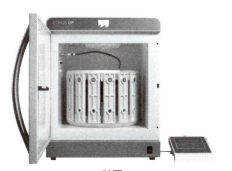

装置

マイルストーンゼネラル株式会社 提供

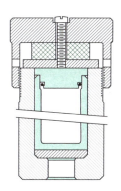

分解容器の構造

株式会社セントラル科学貿易資料 参考

3-6

沈殿・再結晶と分離

　溶解とは逆の沈殿反応と再結晶も重要な分析操作です。沈殿生成の主な目的は重量分析と沈殿分離、再結晶の主な目的は精製です。これらの反応の次には、ほとんどの場合濾過を行います。

▶▶ 無機化合物の沈殿と生体試料の除たんぱく

　化学分析でよく使われる沈殿反応には2つあります。1つは無機化合物の難溶性塩生成で、もう1つは高分子有機化合物の析出です。

　無機化合物の難溶性塩生成は溶解度積（2-5項）に基づいて起こる反応です。例えば硫化水素は多くの金属イオンと反応して沈殿を生じます。沈殿を濾別してさらに処理を行って定量する重量分析については4-3項で詳しい手順を説明します。

　生体試料に含まれるたんぱく質はクロマトグラフィーカラムの目詰まりを起こすなど分析の妨害になる場合が多く、一般に**除たんぱく**と呼ばれる操作が行われます。これには酵素による溶解や限外濾過も使われますが、沈殿生成は最も簡便に実施できるためよく利用されます。その方法としては、メタノール、エタノール、2-プロパノール、アセトン、アセトニトリルなどの有機溶媒を血清や血漿に対して等量から4倍量加え、撹拌または振とうしてたんぱく質を変性沈殿させ、遠心分離します。

　遠心分離した後に上澄液のみを静かに容器から流出させる操作は**デカンテーション**と呼ばれます。

▶▶ 試薬の精製に使われる再結晶

　再結晶は古くから用いられている精製法ですが、分析の前処理法としては一般的でありません。通常の分析試験室においては、純度の低い試薬を精製する目的で使う場合が多いでしょう。

　最もよく使われるのは、溶媒の熱時及び冷時における溶解度の差を利用する方法です。加熱した溶媒に粗結晶を溶解し、濾過して不溶性の不純物を除き、冷却して再結晶させます。また、溶媒による溶解度の違いを利用する方法もあります。最初に少量の溶解度の高い溶媒に溶解し、その後に溶解度の低い溶媒を加えていくというものです。

3-6 沈殿・再結晶と分離

沈殿・濾過と分離

無機化合物または有機化合物の沈澱と濾過

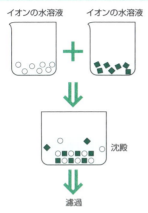
無機化合物の沈殿と濾過

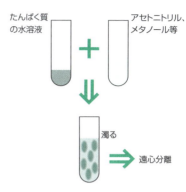
高分子化合物の沈殿と遠心分離

濾過器具と遠心分離機の例

漏斗

カートリッジ型フィルター

小型遠心分離機
メルク株式会社　提供

沈殿と上澄液の分離

吸引濾過

傾斜法（デカンテーション）

ピペットでの分取

3-7

固形物からの抽出

　固形物試料中の分析種は、試料を溶解しなくても溶液化できる場合があります。固形物をそのまま、または粉砕して適当な溶媒と混合し、その後に分析種を溶液として取り出す方法がいろいろあります。

▶▶ 流体と混合して分析種を取り出す

　急須でお茶を淹れると、茶葉の成分を含むお茶が得られ、茶葉は急須の中に残ります。このように固形物から分析種を溶液として取り出す前処理法は**抽出**と呼ばれ、広く応用されています。

　最もシンプルなのは、試料と適当な溶媒とを合わせたものを**ホモジナイザー**で粉砕・細切・均一化したり、振とう機で激しく混合したりして、それを濾過する方法です。抽出効率を高めるために2〜3回繰り返してろ液を合わせます。

　土壌試料中の汚染物質や農産物中の脂質の分析には**ソックスレー抽出**（右上図）が汎用されます。これは円筒形のろ紙の中に試料を入れて、有機溶媒を蒸発−凝縮の繰り返しによって循環させて抽出するものです。

　超臨界流体抽出は、気体と液体の性質を併せ持つ超臨界流体を使って抽出を行うものです。超臨界流体としては二酸化炭素が汎用されています。CO_2は溶媒類のような廃液処理の問題がなく、自動化やクロマトグラフ装置との接続が可能なため、近年普及が進んでいます。例えば土壌中の石油類（炭化水素）や食品中のビタミン類の分析などに用いられます。CO_2を用いる超臨界流体抽出は、工業的にはコーヒー豆の脱カフェイン、タバコからのニコチン抽出などに使われています。また、プラスチックの分析には**超臨界メタノール**分解が用いられます。

▶▶ 流体で表面を洗浄して分析種を集める

　分析種が固体の表面のみに存在している場合、固体全体から抽出する必要はありません。固体の表面だけを洗浄すれば目的が達成できます。

　電子材料表面のわずかな汚染を調べるための**液滴回収法**では、抽出溶媒の液滴をまんべんなく試料表面上で転がして汚染物を抽出します。

3-7 固形物からの抽出

固形物からの抽出に使われるもの

ホモジナイザーとソックスレー抽出器

ホモジナイザー
株式会社日本精機製作所　提供

ホモジナイザー
株式会社セントラル科学貿易　提供

ソックスレー抽出器

Bの部分が円筒ろ紙等になっている。Aに抽出溶媒を入れて加熱すると蒸発してDを通って上昇し、Cで冷却されて凝縮し滴下する。Bに入れられた試料を抽出し、Eのサイホンからに戻る。

日本薬学会編『衛生試験法・注解2015』（金原出版，2015）より

液滴回収法（VPD法）

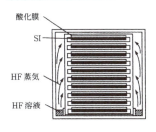

柴田晴美，ぶんせき，**2006**(10)，512より

3-8

液液抽出

　液液抽出では、溶液状または溶液化した試料中の分析種や妨害物質を別の溶媒中に移行させます。この操作は、試料液の精製度を増す、分析機器に適合した溶媒の溶液とする、濃縮するなどの目的で行われます。

▶▶ 混じり合わない二層を振とうして分配平衡に

　液液抽出では、まず試料溶液に対して相互に混じり合わない組み合わせの溶媒を加えます。操作は一般的に分液漏斗を用いて行いますが、液量が少ない場合は共栓付き試験管や遠心分離管を用いることもあります。二層は界面を形成して分配平衡（2-7項）に達します。このとき早く平衡に達するよう容器を振とうします。振る強さや時間を制御できる振とう機も販売されています。

　十分振とうしたら界面が完全に分離するまで静置し、下層はコックを開いて下から、上層は共栓を開いて上から取り出します。試験管や遠心分離管の場合は先端の細いピペットを用いて必要な層を吸い上げて採取します。一般的に液液抽出は抽出効率を確保するため2〜3回繰り返します。

　液液抽出の中で最も一般的に行われるのは、水溶液や水性けん濁液から有機溶媒中に有機化合物を移行させる操作です。これによって、試料由来のイオン性物質や糖質などから脂溶性の分析種を分離することができます。また、有機溶媒の溶液はガスクロマトグラフィーへの注入に適しています。

　逆に、分析種をイオンにして水層に導き、脂溶性のきょう雑物質を有機層に抽出して取り除く方法もあります。イオンにするために、塩基性の分析種には酸を加え、酸性の分析種にはアルカリを加えます。この方法を**逆抽出**といいます。

　水と有機溶媒でなく有機溶媒どうしを組み合わせる場合もあります。アセトニトリル*とヘキサンを混合すると2層に分かれ、農薬などの比較的極性の高い有機化合物がアセトニトリル層に留まり、脂溶性のきょう雑物質をヘキサン層に移行させて取り除くことができます。この操作は**アセトニトリル−ヘキサン分配**と呼ばれます。

　金属の分析においては、キレート剤を加えて金属イオンを脂溶性のキレートとし、有機層に抽出する方法が行われます。

＊**アセトニトリル**　メタノールを用いる場合もある。

3-8 液液抽出

液液抽出の例

分液漏斗の使用方法

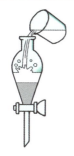

しっかりコックを押さえておく

手の腹で栓を押さえる

① 試料液と抽出溶媒を入れる。
② 栓をして逆さまにし、コックを開いて空気を抜く。
③ コックを閉じて振る。❷❸を数回繰り返す。

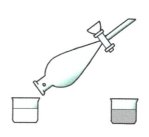

穴と溝を合わせる

④ 静置して分離するのを待つ。
⑤ コックを開いて下層を流出させる。
⑥ 上部から上層を流出させる。

抽出と分配のパターン

 分析種
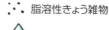 脂溶性きょう雑物

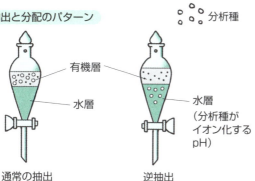

有機層
水層

水層
（分析種がイオン化するpH）

ヘキサン層
アセトニトリル層

通常の抽出
（非塩素系溶媒*）

逆抽出
（非塩素系溶媒）

アセトニトリル-ヘキサン分配

＊**非塩素系溶媒**　ヘキサンや酢酸エチルは上層に、クロロホルムなど塩素系溶媒は下層になる。

3-9 固相抽出

古典的な液液抽出に対して、近年めざましく普及してきたのが固相抽出です。固相と使用溶媒の組み合わせによって多様な分離条件を設定でき、様々なアプリケーションが登場しています。

▶▶ 固体の層に試料液を通過させて抽出・精製・濃縮

固相抽出とは、粉末状、多孔性の固体の層（固相）に試料液を通過させて抽出・精製・濃縮などを行う方法です。固相としては、ほとんどの場合カートリッジタイプの市販品が使用されます。通過させる方法として、注射筒による注入、真空マニホールドによる吸引、遠心分離の利用などがあります。

分析種は固相を素通りする場合と保持される場合があります。素通りする場合は、きょう雑物質が固相内にトラップされることによる精製効果を期待できます。保持される場合は、段階的に溶出力の強い溶媒を通過させることによって高い精製効果が期待できます。また、もともとの試料液の溶媒と溶出溶媒の種類が異なれば**転溶**＊を行えます。さらに、最初の試料液量より少ない溶媒で溶出できたら濃縮されたことになります。

▶▶ 固相の種類にバラエティがある

固相の保持メカニズムには、疎水性相互作用（逆相）、親水性相互作用（順相）、イオン交換などがあります。具体的には、シリカゲル、ポリマー、アルミナ（Al_2O_3）、フロリジル（MgO_3Si）などの基剤がそのまま、または化学修飾して充てんされています。主な固相の種類と特徴を表に示しました。

固相抽出の前には、メタノールやアセトニトリルなどの有機溶媒を充てん剤量の5倍程度流す**コンディショニング**を行います。コンディショニングの後に試料溶液の溶媒と同じ溶媒を流し、それから試料溶液を流します。

固相抽出は液液抽出と比べると溶媒の使用量が少なく、省力化でき、自動化しやすいなどのメリットがあります。その反面、ロットによるばらつきを想定して回収率などの確認作業が必要、カートリッジが高価といった制約もあります。

＊**転溶** ある溶媒に溶解している物質を何らかの方法で別の溶媒の溶液にすること。

3-9 固相抽出

固相抽出

固相抽出カートリッジとマニホールド

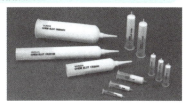

固相抽出カートリッジ
アジレント・テクノロジー株式会社　提供

真空マニホールド
日本ウォーターズ株式会社　提供

固相抽出の仕組み

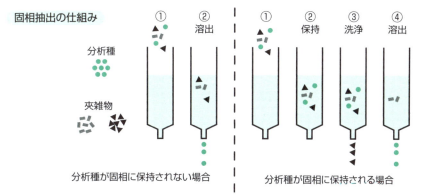

固相の種類と特徴

保持モード	種類（例）	構造	特徴
逆相（無極性）	オクタデシル オクチル シアノプロピル	—$C_{18}H_{37}$ —C_8H_{17} —$CH_2CH_2CH_2CN$	中極性の分析種 脂質除去 逆相HPLCの前処理
順相（極性）	シアノプロピル シリカゲル アルミナ	—$CH_2CH_2CH_2CN$ —$Si-OH$ Al_2O_3	低極性の分析種 極性物質除去 順相HPLCの前処理
陽イオン交換相	ベンゼンスルホン酸	—$CH_2CH_2C_6H_4SO_3^-$	陽イオン（分析種または きょう雑物）保持
陰イオン交換相	トリメチルアミノプロピル	—$(CH_2)_3-N^+(CH_3)_3$	陰イオン（分析種または きょう雑物）保持
吸着相	活性炭	C	色素除去

3-10

濃縮

　濃縮とは、溶液から溶媒を取り除き、目的とする溶質の濃度を高くすることをいいます。分析種の濃度が低くて分析機器の適用範囲に満たない場合は濃縮が必要です。液液抽出や固相抽出が濃縮を兼ねる場合もありますが、ここでは直接溶媒を蒸発させて濃縮する方法を解説します。

▶▶ 濃縮機器の定番はロータリーエバポレーター

　食品や環境に関する分析がテレビなどで紹介されるとき、定番のように映し出されるのが**ロータリーエバポレーター**による濃縮風景です。前処理装置の中では比較的大型で、しかも動きがあって見栄えがするからでしょうか。

　ロータリーエバポレーターは、試料液の加熱、回転、減圧、気化物の冷却、分離した溶媒の捕集を一体的に行う装置です。フラスコが回転することにより容器内表面に薄い被膜を作って気化を促進します。

　ロータリーエバポレーターの使用上の注意は右ページ上図に示したとおりです。多くの場合、汚染を防ぐためにトラップを装着します。また、試料液が急に泡立つ、あるいは飛散する**突沸**に注意します。

▶▶ 少量試料は窒素ガス吹き付け、公定法にクデルナ-ダニッシュも

　少量の液体試料は、窒素をはじめとする不活性ガスを吹き付けて濃縮します。窒素ラインさえあれば、使い捨てガラス製ピペットなどをノズルにして簡便に実施することができる手軽な方法です。気化した溶媒を吸引しないよう、必ずドラフトチャンバーなど局所排気装置の中で行いましょう。複数の試料を同時に濃縮できる装置も市販されています。

　クデルナ-ダニッシュ濃縮器（**KD濃縮器**）は、環境試料や食品試料中の微量汚染物質の濃縮にかつて広く使われていました。現在では工業用水・工場排水中のPCBやビスフェノールA試験法のJISに、ロータリーエバポレーターと共に採用されています。

　遠心エバポレーターは、遠心力によって溶媒の突沸をおさえて少量の溶媒を小容器のまま留去できる装置で、バイオ関係の実験室でよく利用されます。

3-10 濃縮

濃縮に使われるもの

ロータリーエバポレーター

使用上の注意点
- ナス型フラスコの着脱やコックの開閉のときはナスフラスコの首をしっかり持つ。(ナスフラスコの落下防止)
- 終了時は真空を開放してからポンプを止める。(配管内の溶剤排出)

日本ビュッヒ株式会社　提供

不活性ガス吹き付けによる濃縮

窒素ガスラインを利用する濃縮

恒温槽+ガス吹付けユニット
柴田科学株式会社　提供

クデルナ-ダニッシュ濃縮装置・遠心エバポレーター

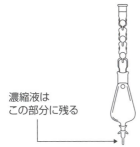

濃縮液はこの部分に残る

クデルナ-ダニッシュ濃縮装置
中村洋監修『分析試料前処理ハンドブック』
(丸善、2003)参考

遠心エバポレーター
東京理化器械株式会社　提供

第3章　試料採取と前処理

3-11
蒸留・気化

蒸留は物質の沸点の違いを利用して混合物を分離する操作を指し、高純度物質を得る有効な方法の一つです。化学分析の前処理においては、基本的な蒸留法以外に、様々な形で蒸発や気化が利用されています。

▶▶ きわめて精製効果の高い方法

蒸留を利用する前処理法は多岐にわたります。蒸留はきょう雑物質を効果的に取り除けるため、吸光度測定（5-5項）のような選択性の低い分析法の前処理法として特によく利用されます。

溶媒が水である場合、水より沸点の低い物質は蒸留による精製が可能です。工場排水中のホルムアルデヒドやアンモニウムイオンなどは蒸留によって分離します。硝酸及び亜硝酸イオンをアンモニウムイオンに還元し、アルカリによってアンモニアとして蒸留する**還元蒸留**もあります。

水より沸点の高い有機化合物は、**水蒸気蒸留**で精製します。これは、試料溶液に水蒸気を通気することで分析種を気化させるものです。豆類中のシアンや加工食品中のパラオキシ安息香酸エステル類などの保存料は水蒸気蒸留での精製が公定法となっています。蒸留後に非極性化合物のみ有機溶媒でトラップして水をもとのフラスコに還流させる装置もあります。**精油定量器**や**ディーンスターク蒸留装置**がこれに当たります。繰り返し抽出を行うため、低濃度の物質の捕集に適しています。

▶▶ ガスクロマトグラフィーの前処理としても

気化を利用する方法としては、**ヘッドスペース法**と**パージ・トラップ法**があります。これらはいずれもガスクロマトグラフィー（9-2項〜）のための前処理法です。

ヘッドスペース法は大掛かりな装置を必要とせず、比較的簡便に実施できるため、長らく用いられている方法です。バイアル瓶に試料液を入れてシリコンゴム栓などで密封して加温し、気化した分析種がバイアル瓶内の気相中で一定濃度となったときに気相を採取してGCに注入します。いっぽう、パージ・トラップ法は試料液内に不活性ガスをバブリングして分析種を気相中に追い出して捕集します。

3-11 蒸留・気化

蒸留・気化の例

水蒸気蒸留装置の例

❸分析種が水蒸気とともに気化

トラップ管
トラップ球
二重管式冷却管
水蒸気
蒸留フラスコ
水蒸気発生フラスコ

❹冷却されて凝縮

試料
逆流止め
留液

❶水を入れて加熱

❷試料液内で水蒸気がバブリング

❺メスシリンダーなどで留液を収集

ガラス器具構成図:
宮本理研工業株式会社　提供

ヘッドスペース法とパージ・トラップ法

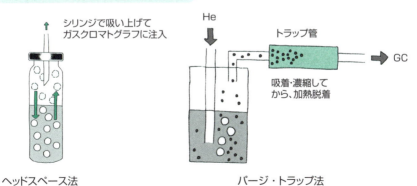

シリンジで吸い上げてガスクロマトグラフに注入

He
トラップ管
GC
吸着・濃縮してから、加熱脱着

ヘッドスペース法　　　パージ・トラップ法

3-12
その他の前処理法

　分析の前処理には、ここまでの項で述べたものの他にもいろいろな原理を応用した多様な方法が使われます。また、次々と新しい手法や製品が考案されています。

▶▶ 前処理としてのクロマトグラフィー

　クロマトグラフィーについては第9章で詳しく述べますが、前処理法として用いられるクロマトグラフィーもあります。**分取クロマトグラフィー**は液体クロマトグラフィーの規模を大きくしたもので、性質が類似した成分の混合物から分析種を取り出すことができます。**ゲル浸透クロマトグラフィー（GPC）**はサイズ排除クロマトグラフィーの原理を利用するもので、試料由来の油脂やたんぱく質と低分子の分析種とを分離することができます。

▶▶ 膜を使う前処理法

　膜を利用する前処理法で代表的なのは**濾過**と**透析**です。

　濾過は微細孔の空いた合成高分子膜などを利用するもので、孔の大きさによって粗濾過・精密濾過・限外濾過の区分があります。この膜が分子ふるいとして働き、孔径より小さな分子のみ通過し、大きな分子は通過できないと考えられています。濾過は液体クロマトグラフィーの前処理などに使われます。

　いっぽう透析は、半透膜を利用して拡散作用で高分子化合物と低分子化合物を分離する方法です。半透膜として古くから利用されているのはセロハンです。半透膜は濾過膜のような多孔質でなく、膜と試料分子との親和性により透過が起こると考えられています。透析は、タンパク試料からの低分子イオンの除去などに使われます。

▶▶ 超微小量の分析

　マイクロ流体チップは半導体製造技術を応用してガラス板やガラス基盤上の合成高分子層に微細な溝や孔を刻んだもので、煩雑な前処理を1枚の小さなプレートの上で行えるよう設計されています。主にバイオ関係での応用研究が進んでいます。

3-12 その他の前処理法

いろいろな手法や装置

GPCの原理と装置

小さな分子は細孔に入り込むので溶出に時間がかかる。

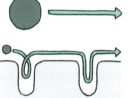
充てん剤

GPC装置　東ソー株式会社　提供

濾過と透析

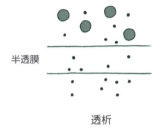
半透膜
透析

濾過

マイクロ流体チップ

26mm
76mm

16本のマイクロチャンネルで複数のサンプルを同時分析可能。流路中に複数のタンパク質が固定化されている。
　　　　　　株式会社フューエンス　提供

3-12 その他の前処理法

 COLUMN これは何？ 分析の言葉

　いきなり出てきたら戸惑うかもしれないカタカナ語を4つご紹介。

【バルク】もとの意味は「体積、大きさ、かさばっていること」です。「積荷」「ばら荷（包装されていない）」の意味もあります。分析化学でこの言葉に出くわすのは、主に試料採取と表面分析に関する場面です。試料採取でバルクとは部分に対して「全体」の意味になります。表面分析（X線光電子分光法など）では金属やプラスチックなどの表面状態を分析しますが、表面に対して物質本体のことをバルクといいます。

【アーティファクト】分析操作の間に、熱や空気酸化などの影響で本来試料に含まれていない物質が生成する場合があります。このような物質をアーティファクトといいます。アーティファクトはもともと試料に含まれていたのか分析操作中に生じたのか見分けが付かない場合があり、これによって分析の結果を誤る可能性がありますから注意が必要です。

【プローブ】もとの意味は「（動物の）触角、触手、（外科用の）探り針」です。分析化学では、分析装置の部品の中で試料に差し込んだりする部分をさす場合や、試料に照射する電磁波などをさす場合があります。

【マス】質量分析（MS）のことです。正式な呼び名ではありませんが、MS/MS（マスマス）、GC/MS（ガスマス）、TOF-MS（トフマス）のように使われています。

基礎的な
検出・定量法

試料採取と前処理の次は、いちばん分析らしいステージ「検出する」「はかる」です。この章ではまず、比較的シンプルな検出・定量法を取り上げます。

4-1

呈色反応と官能試験

最先端といわれる分析技術は、機器を使って分光や分離を行うものがほとんどです。しかし、その対極には人間が元来持つ「五感」を使う検出法があり、依然として様々な分野で健在です。

▶▶ 肉眼で色や沈殿を観察

現場試験・簡易試験などと呼ばれる試験法の多くで、色が変化する反応が応用されています。肉眼で色や沈殿を見る試験は専門知識がなくても判定ができ、機器や器具を必要とせず、時と場所を選ばずリアルタイムで結果が得られます。種々の目的のための試験キットが市販されています。

水質分析では、反応容器に予め検出試薬が入れられたキット（パックテストなど）が広く使われています。携帯型の比色計と組み合わせれば大まかな定量も可能です。空気中の汚染物質の検出・定量には**検知管**が用いられます。これらは化学反応による発色を利用する試験法です。

それに対して、免疫学的原理を応用する**イムノアッセイ**による簡易試験も幅広く使われています。被験者の尿から妊娠の有無を判定するもの、救命救急現場において薬物・毒物の有無と種類を判定するものなどがあります。

▶▶ においで識別する

水質の環境測定には臭気の項目があり、パネルによる**三点比較式臭袋（においふくろ）**法が行われます。また、香料や食品成分の分析においてもにおいは重要な指標です。ガスクロマトグラフィー（9-2項〜）の検出器部分ににおい嗅ぎ用の器具を取り付けた製品が利用されています。

特殊な例としては、税関での違法薬物などの発見に各種探知犬が[*]、犯罪捜査に警察犬が活躍しています。特別に訓練された犬に薬物のにおいや人の体臭を覚えさせ、同じにおいのものを発見させます。

においは空気中の分子が鼻腔の奥にある嗅覚受容体と反応して起こる感覚。原理的には機器でも検出が可能なはずですが、官能による方法の代替には至っていません。

---

[*]探知犬　麻薬探知犬に加え、爆発物及び銃器の探知犬も導入されている。

4-1 呈色反応と官能試験

試験の方法

パックテスト（水中の物質を検出）

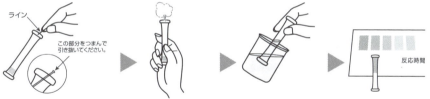

①チューブ先端のラインを引き抜きます。　②中の空気を追い出します。　③穴を検水の中に入れ、半分くらい水を吸い込みます。　④数回振りまぜ、反応時間後に図のように標準色の上にのせて比色します。

株式会社共立理化学研究所　提供

検知管（大気中の物質を検出）

気体採取器に検知管を取り付けてハンドルを引く　　変色層の先端の目盛を読み取る

株式会社ガステック　提供

三点比較式臭袋(においふくろ)法と基準臭液

試料(悪臭を含む空気)の袋1つと無臭の空気の袋2つを6人以上のパネルに嗅いでもらい、悪臭の袋を当ててもらう。悪臭を次第に薄めながら不明または不正解になるまで繰り返す。

近江オドエアーサービス株式会社のウェブサイト参考

基準臭液（パネル選定試験用）

記号	物質名	種類	濃度
A	β－フェニルエチルアルコール	花のにおい	$10^{-4.0}$
B	メチルシクロペンテノロン	甘いこげ臭	$10^{-4.5}$
C	イソ吉草酸	汗臭いにおい	$10^{-5.0}$
D	γ－ウンデカラクトン	フルーツのにおい	$10^{-4.5}$
E	スカトール	かび臭いにおい	$10^{-5.0}$

注）濃度は無臭液（無臭流動パラフィン）に対する各基準臭液の重量比

4-2 金属イオンの系統分析

何種類かの金属イオンを含む水溶液から各イオンを分離して定性する系統的な方法が古くから確立されていて、教育のために学生実習として行われます。

▶▶ 古典的な化学知識の集大成

高校の化学で「銅イオンの溶液に硫化水素を吹き込むと黒色沈殿ができる」「バリウムイオンの溶液に炭酸イオンを加えると白色沈殿ができる」などの暗記にうんざりした覚えのある人もいるのでは。

これらの沈殿反応を使って金属イオンを系統的に分離・定性する方法が確立されています。環境分析や生産現場の分析などでは原子吸光分析やICP発光分析（第6章）がもっぱら用いられますが、金属イオンの系統分離は各イオンの性質を体感することができ、高価な器具や機器を必要とせず、パズル的な面白さもあるため、化学教育に取り入れられています。

▶▶ 5段階の反応で6つのグループに

系統分析の全体的な流れは図のようになっています。全部で5段階の反応を行って沈殿したものを除いていき、6つのグループに分けます。先の段階で沈殿するものから順に第1属、第2属……第6属と名づけられています。これはこの分析法でのグループ分けであって、周期表の族とは関係ありません。

加える試薬は教科書によって若干の違いがありますが、おおむね①塩酸、②硫化水素、③希硝酸とアンモニア水、④硫化水素、⑤炭酸アンモニウムです。硫化水素が2回使われますが、②は酸性、④は塩基性の条件での反応です。②の次に煮沸するのは残った硫化水素を除くため、希硝酸を加えるのは2価の鉄を3価にするためです。それぞれの属に分けた金属イオンは、さらに属内での分離を行って、最終的に1種類のイオンのみを含む溶液を得ます。

JIS K 0050：2011（化学分析方法通則）の附属書Aには、陽イオンの系統分析と共に陰イオンの系統分析と炎色反応による定性方法が掲載されています。

4-2 金属イオンの系統分析

金属イオンの系統的分析の流れ

金属イオンの系統的分析

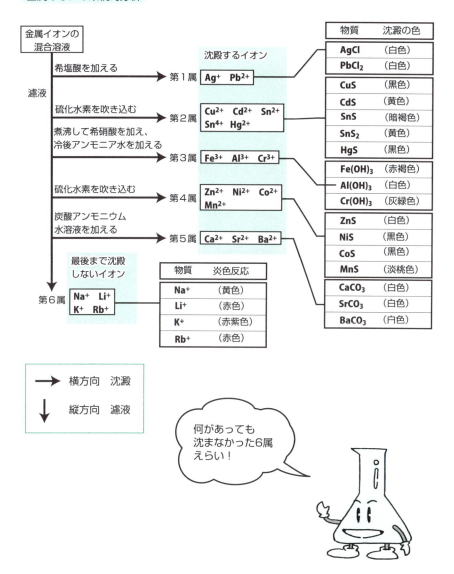

第4章 基礎的な検出・定量法

4-3 重量分析

質量保存の法則を発見したラボアジエは、化学反応の前後の物質重量を精密に測定することにより化学を体系づけました。重量分析は化学の基礎を成す分析法です。

▶▶ 実は重量でなく質量をはかる

重量分析で求めるものは、実際には重量でなく質量です。しかし「質量分析」の語は分子や原子1個ずつの質量を求める分析法の意味で使われており（第8章）、化学天びんで物質の質量を測定する分析法は重量分析と呼ばれます。

重量分析では、試料から分析種または分析種を化学変化させたものを純粋な形で取り出して直接質量を測ります。絶対量を求められるので、最も基礎的な化学分析法といえます。取り出す方法としては前項で述べた金属イオンの系統分析と同様の沈殿反応が主に用いられます（**沈殿重量分析**）。また、第10章で述べる電量分析の一つとして、電極上に析出した分析種の質量を測定するもの（**電解重量分析**）、気体として分離した分析種を吸収剤に吸収させて質量を測定するもの（**ガス重量分析**）もあります。

沈殿重量分析も金属イオンの系統分析と同じく化学教育の一環として実習テーマとなることの多い分析法です。化学量論の理解に役立つだけでなく、機器分析の前処理法に応用できる実験技術を含んでいます。

▶▶ 沈殿を生成させる重量分析の手順

沈殿生成による重量分析の手順を図に示しました。目的物質を含む水溶液に対応する試薬を加えて沈殿させます。この後、沈殿の**熟成**を行います。熟成とは、沈殿生成後静かに放置することによって、沈殿結晶内のイオンと溶液中のイオンとの交換反応を起こさせ、結晶を成長させる操作です。大きな結晶は相対的に表面積が小さく、不純物の吸着量が少ないため、より純粋に物質を分離できます。

熟成後に濾過によって沈殿を濾別し、濾紙上の沈殿を適当な洗浄液で**洗浄**します。この沈殿を電気炉などを用いて乾燥し、化学天びんでひょう量します。

重量分析では、最後にひょう量するものの中に目的化学種以外のものが混入したら値が不正確になります。熟成及び洗浄は不純物を除く重要な操作です。

4-3 重量分析

重量分析のポイント

沈殿重量分析の手順

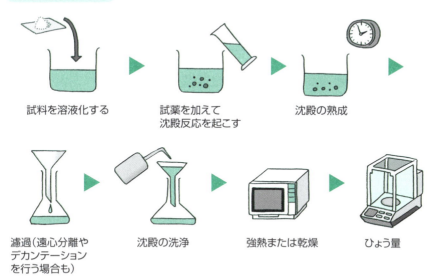

濾過の方法と濾紙の折り方

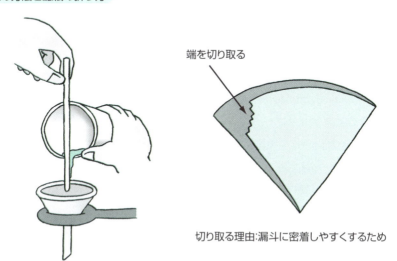

端を切り取る

切り取る理由:漏斗に密着しやすくするため

4-4 滴定

滴定は容量分析とも呼ばれ、重量分析に次いで化学分析の基礎を成す分析法です。用いる反応の種類に応じて、中和滴定、酸化還元滴定、キレート滴定などがあります。

▶▶ 既知量の物質と反応させて未知量を知る

溶液の中和反応は酸と塩基を合わせるだけで室温でも簡単に進行します。また、中和点付近ではpHが大きく変化するため、適当な**指示薬**の添加や電位差測定（10-5項）を行えば容易に中和点を見付け出せます。したがって、未知量の酸（塩基）と既知量の塩基（酸）をちょうど中和するだけの比で混合すれば、未知量の酸（塩基）を定量できます。

具体的には、一方の溶液にもう一方の溶液を少しずつ加えていき、中和点（終点）に至るまでに加えた量を読み取ります。**滴定**または**容量分析**と呼ばれる方法です。中和反応だけでなく、酸化還元、キレート形成、沈殿などを応用した滴定も行われます。

滴定には右ページ上図に示したような**ビュレット**を用います。コックを操作しないほうの手でビーカーを撹拌しますが、マグネチックスターラーを使えばコックを両手で操作できます。

下図の例は0.1mol/Lの水酸化ナトリウムによる酢酸の滴定ですが、まずフタル酸水素カリウムを用いる**標定**を実施して水酸化ナトリウムの**ファクター**を求めます。ファクターとは規定された濃度（この場合は0.1mol/L）からのずれを表す値です。水酸化ナトリウムには潮解性があり、純度の高い試薬が入手しにくく、また、空気中の二酸化炭素を溶解するため、正確な濃度の溶液を調製するのが困難です。そのために、滴定の直前に標定を実施して正確な濃度を知る必要があります。標準試薬として使っているフタル酸水素カリウムは室温で安定で純度の高い試薬が販売されており、天びんで質量をはかれば正確な物質量がわかるため、よく標定に使われます。

滴定は幅広い分野で定量に利用されています。例えば**溶存酸素（DO）**の測定に酸化還元反応を利用した**ウインクラーーアジ化ナトリウム法**が用いられ、日本薬局方にも多数の医薬品の純度試験法として滴定法が規定されています。機器によって多数の検体を自動的に処理する滴定装置も普及しています。

4-4 滴定

滴定のポイント

ビュレットの使い方

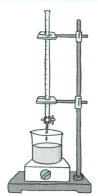

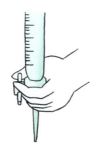
コックを片手で操作する場合

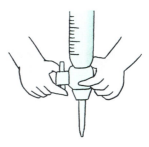
コックを両手で操作する場合

滴定の例と計算法（標定した水酸化ナトリウム溶液による酢酸の定量）

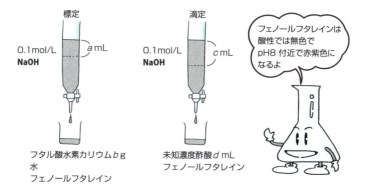

フェノールフタレインは酸性では無色でpH8付近で赤紫色になるよ

標定の反応式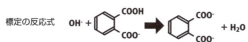

滴定の反応式　$OH^- + CH_3COOH \rightarrow CH_3COO^- + H_2O$

0.1mol/L **NaOH** のファクター　f

$$f \times 0.1 \times \frac{a}{1000} = \frac{b}{204.2}$$

酢酸の濃度　x mol/L

$$f \times 0.1 \times \frac{c}{1000} = x \times \frac{d}{1000}$$

これらを解いて酢酸の濃度 x を求める
204.2はフタル酸水素カリウムの式量

第4章　基礎的な検出・定量法

4-5 総量分析

化学物質は、完全に同じ構造でなくても似たものは似た性質を示します。単一の化学種ごとに分離せず、似た性質のものをまとめて測定する方法は総量分析と呼ばれます。

▶▶ 総量分析のメリットとは？

似たものをまとめてはかってしまう**総量分析**——そのメリットとは何でしょうか？もちろん「簡単で費用も時間もかからない」が最大のメリットです。しかしそれだけでなく、「想定外の物質を発見できる」というメリットもあるのです。化学種ごとに厳密に分けてはかる分析法は高度なように思われますが、意外な見落としを生む可能性もはらんでいます。総量分析は、何をはかっているか完全にわからないというあやふやさはあるものの、それゆえに思いがけない異常や汚染の発見に役立つ場合があります。そのため、環境規制・環境モニタリングや品質管理において汎用されています。

▶▶ 総量分析のいろいろ

水質分析においては様々な総量分析法が定められています。一部を表にまとめました。この中で**TOC**は排水や環境水のような混入成分の多い水の汚染指標としてのみでなく、化学分析に用いる蒸留水や超純水の純度の指標としても用いられます。

ガラスのコップに入った水にシロップを注ぐと、透明でありながらシロップがグラスの底にたまる様子を観察することができます。これは砂糖水が普通の水より大きな**屈折率**を持つために起こる現象です。屈折率を測定する**糖度計**は、果物の収穫時期の見定め、果実の選定や等級付け、ジャムなどの製造時の糖度測定に使われています。糖以外にも塩類、たんぱく質、酸など様々な物質は水に溶解すると屈折率を変化させるので、糖度計はこれらを含む食品の製造時にも使われます。

この他にも総量を分析する方法として、可燃性のガスが発生する現場や家庭で用いられる各種**ガス検知器**、環境モニタリングや製造ライン監視に用いられる**導電率計**（10-2項）、SPM（浮遊粒子状物質）の濃度測定に用いられる**光散乱法**、エステル（主に油脂）の平均分子量を推定するための**けん化価**測定、同じく油脂の不飽和度を測定する**よう素価**測定などがあります。

4-5 総量分析

総量分析の仕組み

水質測定に用いられる総量分析

名称	略称	測定法
化学的酸素要求量	COD	過マンガン酸カリウムまたはニクロム酸カリウムの消費量を測定して酸素量に換算 （水道法では2005年の改正によりTOCを用いることに）
全有機体炭素量	TOC	燃焼によってCO_2を発生させ、その量から測定。 全炭素量から全無機体炭素量を除く
生物化学的酸素要求量	BOD	20℃で5日間暗所に静置して好気性微生物により消費される酸素の量を測定
全酸素消費量	TOD	試料を燃焼させ、試料中の有機物の構成元素である炭素、水素、窒素、硫黄、りんなどによって消費される酸素の量を測定

TOC計の仕組み

試料 → 無機体炭素除去 → CO_2に変換 → CO_2検出

pH2〜3として、CO_2、CO_3^{2-}、HCO_3^- 除去

燃焼酸化法 または 湿式酸化法

赤外線により検出

全炭素から無機体炭素を差し引いて有機体炭素を測定する方式もある。

糖度計の例

デジタル式ポケット糖度計
株式会社アタゴ　提供

測定方法（ジャム、スープ等）

4-6 その他の方法

ここまで挙げてきたもの以外にも、シンプルな原理に基づく検出・定量法がいくつもあります。融点測定と有機元素分析は、特に有機合成分野で標準的に使われてきた方法です。

▶▶ 融点—簡単な装置で純度まで推定可能

水が凍る温度は0℃と誰でも知っているように、**融点**は物質に固有のものです。比較的純度の高い結晶の識別において、融点測定は有効な方法です。日本薬局方には多くの医薬品について融点が記されています。

融点測定用装置の例を右ページ上図に示しました。光の透過率をモニターする自動式のものと、目視で観察しながら温度を上げていくものとがあります。

不純物があると一般に融点は低くなります。光学活性な化合物の場合は、右旋性または左旋性の異性体のみを含む結晶の融点は同じですが、右旋性のものと左旋性のものの等量混合物（ラセミ体）の融点は低くなります。

▶▶ 有機元素分析・酸素計・二酸化炭素計

元素分析には無機化合物を対象とするものと有機化合物を対象とするものがあり、両者はまったく異なる装置を使います。無機元素分析については第6章で解説する原子分光分析が用いられます。**有機元素分析**は中段の図のような装置を使用して行います。有機化合物に含まれる炭素・水素・窒素をそれぞれの酸化物として定量し、酸素の量はこれらを全体量から差し引いて求めます。有機元素分析計は下水汚泥の性状分析や同位体比質量分析（8-4項）の前処理装置として用いられています。

酸素には、磁石に引き付けられるというユニークな性質があります。この性質を利用して空気中の酸素の濃度をはかるのが下図に示した**酸素計**です。また、二酸化炭素には赤外領域に強い吸収を持つという特徴があります。これを利用して**二酸化炭素計**が作られています。このように、存在量が多くて何らかの特徴がある化合物は、その特徴を利用してシンプルな検出が可能です。

4-6 その他の方法

いくつもある測定方法

融点測定装置

融点測定装置（日本薬局方）

自動融点測定装置
光透過率と動画で融点を把握

メトラー・トレド株式会社　提供

有機元素分析装置（CHNコーダ）の仕組み

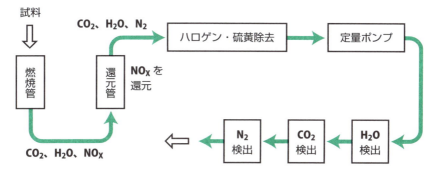

酸素計

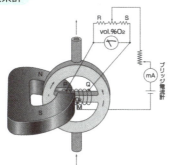

リング状のガス流路に下から上へ試料ガスを流すと、酸素分子は磁石に引かれて中央のバイパスに流れ込む。

真壁英樹編「島津分析機器『ひと・モノがたり』」
（島津製作所分析計測事業部、2006）より

検査紙1枚からわかる健康状態

尿検査は健康診断や病気の診療で身近な検査です。糖とたんぱく質を検査できる家庭用の製品は薬局でも買えますが、医家向けには10種類前後の項目を一度に検査できる試験紙が販売されています。細長い試験紙に試薬が塗布されていて、尿に浸すだけで、ぶどう糖、ビリルビン、ケトン体、比重、潜血、pH、たんぱく質、ウロビリノーゲン、亜硝酸塩、白血球といった項目を30秒～2分程度で簡易にチェックできます。判定は色の比較表を使って目視で行う場合と、機器を使って反射光を測定する場合があります。

それぞれの項目はどんな原理で発色させているのでしょうか？

pHには指示薬が、ビリルビンや亜硝酸塩などの検出にはジアゾカップリングが利用されています。これらは高校の化学で学習しますね。

いちばん不思議なのは比重です。なぜ尿の比重が色でわかるのでしょうか？各社の添付文書によれば、尿比重の決定因子である陽イオン（主としてNa^+）をカルボン酸などと反応させ、遊離するH^+をpH指示薬で検出しているようです。成分が既知である尿という試料だからこそ適用できる試験法ですね。

なお、尿の比重が検査項目に入っているのは、腎臓の濃縮機能の指標になるからです。

分子分光分析

光は私たちの日常生活において最大の情報伝達媒体です。光を含む電磁波は、分子や原子を観測するツールとしても実に幅広い特性を持っています。まず電磁波の全体像を理解し、そして人間の目に見える波長付近の光を使う分析法からみていきましょう。

5-1
光の性質

なぜ光は空気やガラスをすり抜けることができるのでしょうか？ それは光が質量を持たない波だからです。ところが光は粒子でもあります。波でもあり粒子でもある――光のこの性質を利用して原子や分子の様々な姿を見ることができます。

▶▶ 電磁波は真空中や物質中を伝わる波

　店頭に並んだカラフルな文房具やアクセサリーの色名に「レッド」や「ブルー」と並んで「クリア」があります。日本語では「透明」。これはどういう意味でしょう？「透明」は色の一種でしょうか？

　光はもともと真空中も物質中も貫いて進む性質を持っており、ただ、さえぎる物があると吸収されたり反射したりして「透明」でなくなります。透明なプラスチックには、可視光をさえぎる樹脂や色素が含まれていないのです。

　でも、なぜ光は透明なプラスチックをすり抜けるのでしょうか？ 色素が含まれていないといっても、けっこう硬い素材です。プラスチックだけでなく、光はガラス、水、空気などもすり抜けます。考えてみれば不思議です。

　すり抜ける理由は、光が波だからです。私たちが親しんでいる波は、水面の波や空気を伝わる音のように媒質（波を伝えるもの）が不可欠ですが、光を含む電磁波は媒質を介さない波です。電磁波は上図のように直行する電場と磁場から成る横波です。

▶▶ 電磁波にはエネルギーの最小単位がある

　しかし光は粒子の性質も併せ持っています。というのは、光には、それ以上分割できないエネルギーの最小単位があるからです。この最小単位を**光子**または**光量子**といいます。振動数が大きい（波長が短い）光子は大きいエネルギーを、振動数が小さい（波長が長い）光子は小さいエネルギーを持ちます。

　いっぽう、原子や分子は置かれた状況によって不連続なエネルギー状態をとります。これをエネルギー状態が**量子化**されているといい、それらの状態のことを**エネルギー準位**といいます。原子や分子のエネルギー状態が変わるとき、特定のエネルギーの光を放出したり吸収したりします。これを観測することが**光分析**の共通原理です。

5-1 光の性質

電磁波の性質

互いに直交して振動する電場と磁場

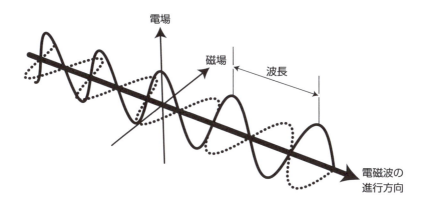

原子や分子のエネルギー準位は不連続

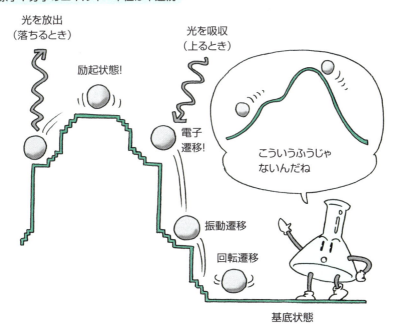

5-2
電磁波とスペクトロメトリー

可視光線、紫外線、赤外線、X線、電波…これらはすべて電磁波の仲間です。電磁波を使って物質を観察すると、電磁波の種類や物質との相互作用によって様々な見え方になります。

▶▶ 電磁波の種類と性質

電磁波にはいろいろな種類があり、右ページ上図のとおり波長によって分けられています。電磁波の波長はエネルギーに反比例します。したがって電磁波の種類はエネルギーによって分けられているともいえます。波長が短いほどエネルギーが大きくなります。直感的には「強い（明るい）光はエネルギーも強い」と考えてしまいますが、「強い光」は光量が多いだけであって、光子のエネルギーが大きいわけではありません。これが光、そして電磁波の面白いところです。

▶▶ スペクトルと分光分析

太陽光を三角柱型のガラス製プリズムで分ければ虹の七色が観察されます。これを**スペクトル**といいます。太陽光にはいろいろな波長の光が含まれており、波長によって少しずつ屈折率が異なるためにスペクトルが描かれるのです。このように光を分けることを**分光**といいます。また、太陽光のようにいろいろな波長の光が混じった光を**白色光**、プリズムで分けた特定の光のように波長が限られているものを**単色光**といいます。

光とは一般的に赤外線・可視光線・紫外線をさしますが[*]、分光という言葉は光に限らず電磁波全般について使われます。分けた電磁波は少しずつ異なるエネルギーを持っていますから、物質との相互作用の仕方が少しずつ違います。その様子をグラフにしたものも、プリズムで分けた光と同じようにスペクトルといいます。分光、そしてスペクトルを利用する分析法を**分光分析**（**スペクトロメトリー**）といいます。

スペクトル測定には、プリズムのような仕組みで空間的に分光する方法の他に、時間ごとの測定値を処理して描く方法などがあります。分光の黎明期に行われたのは、もっぱら単純なスペクトル観測でした。しかし現在では装置やコンピュータ技術の発展によって、複雑な多重スペクトル解析や多波長同時測定が行われています。

---

[*] **光** 光とは、最も狭義には可視光を指す。JIS K 0212：2007では紫外線からテラヘルツ光までの波長領域の電磁波を光と呼んでいる。

5-2 電磁波とスペクトロメトリー

電磁波の性質

電磁波の名称と特徴

波長	名称	特長
∞ 1m	電波領域	アンテナで送受信
1mm 100μm	遠赤外光	低温の黒体放射、テラヘルツ光
10μm	中赤外光	分子振動・格子振動、有機分子が見える領域
1μm 800nm	近赤外光	物質と相互作用しない、物質が透明な領域
400nm	可視光	人間の目に見える光、外殻電子遷移エネルギー
10nm	紫外光	目に見えない光、外殻電子遷移エネルギー
100pm	軟X線*	内殻電子遷移エネルギー、水に吸収されない領域「水の窓」
10pm	X線	内殻電子遷移エネルギー
1pm	γ線	原子核・素粒子の遷移エネルギー

＊極短紫外を含む
文部科学省製作『一家に1枚 光マップ 第一版』(2008)より抜粋
波長は目安

電磁波を使う分析のいろいろ

低エネルギーの光で分子全体をやさしく観察(UV-VIS)

炎で原子状に(原子吸光)

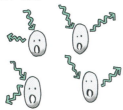

高エネルギーのX線で内殻電子をはじき出す(蛍光X線)

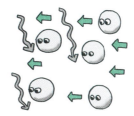

強い磁場で核スピンの向きをそろえる(NMR)

5-3 ランバート-ベアーの法則

濁りのないジュースやワインを透明なグラスに注いで透かしてみれば向こうの景色が見えます。ジュースやワインを水で薄めれば、より明るく見えるでしょう。光が通過する物質の濃度と通過する光の量との関係を式にしたものがランバート-ベアーの法則です。

▶▶ 溶液の濃度が高いほど吸光度が大きい

溶液に光を当てたとき、光を吸収する物質の濃度が高いほど光は透過しにくくなります。物質に入射した光の強度をI_0、透過した光の強度をIとすると、次の関係が成り立ちます。これは**ランバート-ベアーの法則**と呼ばれます。

$$I = I_0\, e^{-\varepsilon CL}$$

ここでCは溶液のモル濃度、Lは溶液の厚み(光路長)です。ε(イプシロン)は**モル吸光係数**と呼ばれる値で、物質に固有のものです。この式を変形して**吸光度**Aを次のように定義します。

$$A = \varepsilon CL = -\log \frac{I}{I_0}$$

Aは濃度Cと比例関係にあるため計算や検量線作成に便利です。I/I_0は透過度T(単位なし)と呼ばれ、これの百分率は透過率T%と呼ばれます。濃度と吸光度の比例関係は高濃度になると成り立たないので注意しましょう。

▶▶ 地図の「ランベルト図法」と同じ由来

ところで「ランバート-ベアーの法則」の名称はJIS K 0212:2007「分析化学用語(光学部門)」に基づく英語読みの名称ですが、分析化学の教科書や装置の解説書ではドイツ語読みの「ランベルト-ベールの法則」もよく使われます。この名称の由来の一人であるドイツの科学者ヨハン・ハインリッヒ・ランベルトは、地図の「ランベルト図法」の考案者でもあります。

ランバート-ベアーの法則には3人の科学者が関わっています。最初にブーゲが試料の厚さと透過光強度の関係を発見し、次にランベルトが自著でブーゲの発見を紹介し、最後にベールが試料の濃度と透過光強度の関係を発見しました。したがって試料の厚さと透過光強度の関係を示す法則は**ブーゲの法則**とも呼ばれます。

5-3 ランバート-ベアーの法則

光の通過を元に

ランバート-ベアーの法則

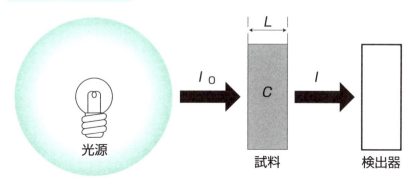

透過度 I/I_0 でなく吸光度 A を使う理由

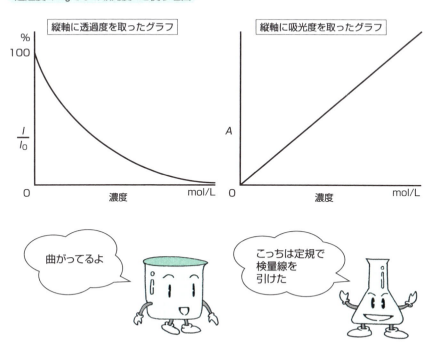

5-4 紫外・可視分光① 原理と測定系

可視光線は人間の目に見える光、紫外線は日焼けなど化学反応を引き起こす光です。可視光線と紫外線を利用する分析装置は、安価かつ安定で使いやすい装置です。

▶▶ どんな化合物に色がつく？

私たちの身の回りには色のついたものや紫外線を強く吸収するものがたくさんあります。ほんの一例を右ページ上図に示しました。いずれも重金属を含む化合物または二重結合が一つおきに並んだ共役系を持つ有機化合物です。

重金属は原子核から離れた軌道間を電子が移動します。共役系においてはπ電子が系内を移動します。このように電子が広い範囲を動き回ることができる構造の物質は、エネルギー差の小さな遷移が起こって光を吸収します。有機化合物では共役系が大きいほどエネルギー差の小さな遷移が起こりやすく、波長の長い光を吸収します。**紫外・可視分光分析（吸光光度分析法）** ではこの吸収を測定します。対象とする波長は約200nm～2500nmです。

▶▶ 装置の仕組み

紫外・可視分光光度計は **UV-VIS** または **UV** と略されます。分光光度計は他の波長域のものもありますが、単に **分光光度計**＊ といえば紫外・可視分光光度計を指します。

分光光度計の光源には、紫外線源として重水素放電管が、可視光線源としてハロゲンランプ（タングステンよう素ランプ）が主に使われます。ハロゲンランプの発光原理は通常の白熱電球と同じです。タングステンは融点3400℃と全元素中最高で、フィラメントの素材としてすぐれています。

分光器は現在ではプリズムより **回折格子（グレーティング）** が主流になっています。分光光度計によく使われている回折格子は1mm当たり数百～2000本程度の溝を平行・等間隔に刻んだもので、反射した光の干渉を利用して分光します。検出器としては **光電子増倍管** または **シリコンフォトダイオード** が使われます。

＊**分光光度計**　紫外部のみまたは可視部のみを測定する装置もある。

5-4 紫外・可視分光① 原理と測定系

可視光線と紫外線を利用する

可視光線または紫外線を吸収する化合物の例

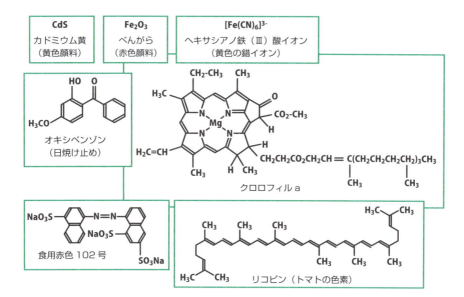

分光光度計の構成

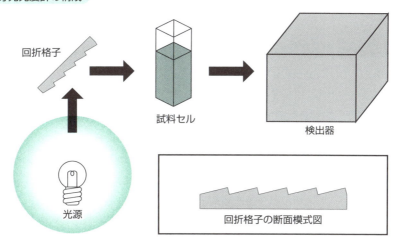

5-5
紫外・可視分光② スペクトル分析と吸光光度法

紫外・可視分光分析ではスペクトルを測定して定性を、特定の波長での吸光度を測定して定量（吸光光度法）を行います。

▶▶ セルの選択と測定

　分光光度計用の試料溶液は、通常光路長1cmのセルに入れます。セルには石英製、ガラス製、プラスチック製があります。石英製は紫外部にも可視部にも吸収がないため幅広い分析に使えますが高価です。ガラス製は紫外部に吸収があるため、可視部での分析にのみ使用します。プラスチック製は安価で使い捨てできますが、ガラスと同じく紫外部に吸収があり、一部の有機溶媒には溶解するため使えません。分析目的に合わせてセルを選びます。

　分光光度計は**シングルビーム**のものと**ダブルビーム**のものがあります。精密な装置はダブルビームになっており、光源のふらつきによる影響を除くことができます。

▶▶ スペクトル分析と吸光光度測定

　下図は紫外・可視吸収スペクトルの例です。スペクトルの横軸は波長nm、縦軸は吸光度です。吸収が大きいところはピークになります。ピーク頂点がある波長をその物質の**極大吸収波長**と呼び、λ_{max}とも書きます。スペクトルは物質の種類によって違うため、これによって定性を行います。ただし紫外・可視スペクトルは後で述べる赤外スペクトル、マススペクトル、NMRスペクトルほどには特徴的でありません。したがって、物質の同定の決め手としてはあまり使われません。

　いっぽう、分光光度計による定量（吸光光度法）は広く行われています。ランバート-ベアーの法則は各波長の電磁波において成り立ちますが、特に希薄溶液中の紫外・可視領域での吸収については非常に直線性のよい応答が得られます。一例を挙げると、大気中の窒素酸化物濃度を測定するザルツマン法やシアン化合物の分析に用いられるピリジン・ピラゾロン法（拡散法）で分光光度計が使われます。

5-5 紫外・可視分光② スペクトル分析と吸光光度法

分光光度計

シングルビームとダブルビーム

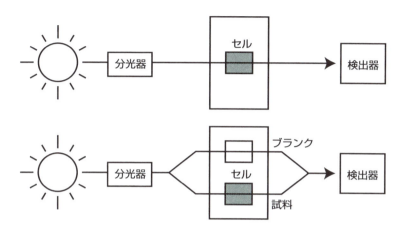

紫外・可視分光スペクトル例

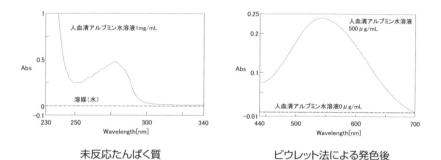

未反応たんぱく質　　　　　　　ビウレット法による発色後

ビウレット法ではたんぱく質を紫色に呈色させて分光光度計で定量する。
日本分光株式会社　提供

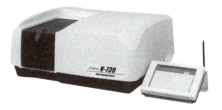

5-6
蛍光分光

　光のエネルギーを吸収した分子は、通常は熱としてエネルギーを放出して安定状態に戻ります。ところが再び光としてエネルギーを放出するものもあり、この光をとらえて定性や定量を行うのが蛍光分光分析です。

▶▶ 光を当てると別の波長の光が…

　蛍光といえば蛍光灯、蛍光ペン、蛍光塗料などが思い浮かびます。蛍光とは、物質が光を受け、その波長より長い波長（低いエネルギー）の光を放出する現象です。蛍光を利用する蛍光分光分析は、吸光光度法より感度が高い分析法です。もともと蛍光を発する分析対象物質もありますが、多くの場合、蛍光誘導体化試薬と反応させて蛍光性の物質にして検出します。

　蛍光分光光度計の仕組みを上図に示しました。光源としてはキセノンランプを使い、検出系は入射光ビームに対して90°になるように置かれています。

▶▶ スペクトルは2つで一組

　蛍光スペクトルは2つで一組です。照射する光（励起光）と放出される光（蛍光）、それぞれの波長についてスペクトルを描くことができるからです。蛍光分光光度計を使って定量を行う際には励起波長と検出波長を設定します。これらはそれぞれE_x、E_mと略されることもあります。単位は紫外・可視分光と同様、nmです。

　蛍光を持つ物質の中には、受けた光を効率よく光にして放射するものと効率の良くないものとがあります。吸収された光子の数に対する放出された光子の数を**量子収率**といいます。量子収率が高い化合物ほど感度良く分析ができます。

　蛍光分光は、医薬品の分析、各種ビタミン、添加物の分析などに利用されます。緑色蛍光たんぱく質（GFP）は1961年に下村脩さんがオワンクラゲから発見し翌年論文発表したもので、それを様々な細胞の遺伝子に組み込んで発現させる技術を他の研究者らが開発しました。2008年、この功績により下村さんら3人の研究者にノーベル化学賞が贈られました。GFPを組み込んだ細胞は生きたまま顕微鏡で観察することができ、生命科学分野で盛んに利用されています。

蛍光分光光度計

蛍光分光光度計の仕組み

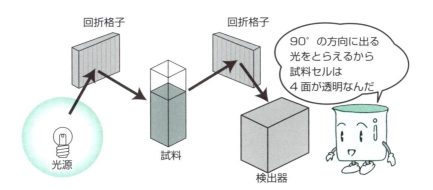

蛍光たんぱく質のスペクトル

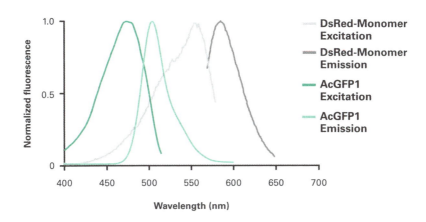

サンゴ由来の赤色たんぱく質DsRedとクラゲ由来の緑色たんぱく質AcGFP1の励起・蛍光スペクトル。二重蛍光標識に利用される。
タカラバイオ株式会社　提供

5-7 赤外分光

赤外線は目には見えませんが照射されたものを温める働きがあります。また、家電製品のリモコンに使われているのも赤外線です。赤外線を使う分析法では分子の官能基がわかります。

▶▶ 分子中の結合の伸び縮みを検出

分子を構成する原子どうしはがっしり組み合わされているわけではなく、それぞれの結合部分が伸縮したり回転したりします。伸縮振動のエネルギーは赤外線のエネルギー付近にあるため、分子は赤外線を吸収して振動します。

ただし、左右非対称な振動でなければ赤外線に対して不活性です。例えば窒素分子N_2や酸素分子O_2は伸縮振動に伴って赤外線を吸収しません。水分子H_2Oは折れ曲がった形をしているために赤外線を吸収します。二酸化炭素CO_2は直線状の分子です。この分子が伸び縮みするときには、両方の結合が同時に伸び縮みする振動と交互に伸び縮みする振動の2通りがあります。このうち交互に伸び縮みする振動だけが赤外線吸収を起こします。

赤外線を吸収するということは、赤外線によって温められるということに他なりません。だから酸素や窒素は温暖化ガスではなく、二酸化炭素は温暖化ガスとして働くのです。

結合の伸縮のエネルギーは、水酸基—OHやカルボキシル基—COOHなど、官能基の種類によってほぼ一定です。ですから赤外スペクトルを測定すれば化合物がどんな官能基を持つか推定することができます。なお、赤外は**IR**と略されます。

▶▶ 赤外スペクトルには独特の流儀がある

下図に赤外スペクトルの例を示しました。紫外・可視スペクトルとは軸の単位が違います。まず、横軸は波長でなく**波数**になっています。波数とは、光の進路の単位長さ当たりいくつの波があるかを表すものです。通常1cm当たりの波数で表すので、単位はcm^{-1}です。この単位は「カイザー*」と読みます。cm^{-1}をカイザーとは、赤外分光分析を知らなければ想像もつかない読み方ですね。しかも左のほうが

＊**カイザー** カイザーは現在日本のみで通用する呼び方。

5-7 赤外分光

赤外分光の仕組み

水分子の基準振動

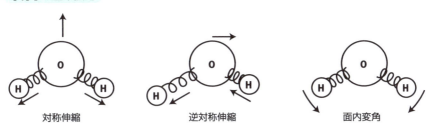

対称伸縮 　　　逆対称伸縮 　　　面内変角

二酸化炭素分子の伸縮

対称伸縮(赤外不活性) 　　　逆対称伸縮(赤外活性)

赤外スペクトル

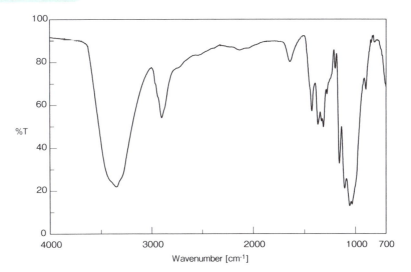

セルロースのスペクトル
縦軸が透過率(%)のスペクトル例　　日本分光株式会社　提供

数字が大きく、だいたい4000cm^{-1}程度から始まって右端が400cm^{-1}前後になります。さらにややこしいことには、赤外スペクトルの縦軸は2通りあります。紫外・可視スペクトルと同様に吸光度を使う場合と、透過率（%）を使う場合です。天地が逆になるため、かなり違う印象になります。透過率スペクトル（前ページ下図）は古くから使われてきたもので、日本薬局方に掲載されるスペクトルはこの形式です。近年は、吸光度スペクトル（右ページ上図）も多くなっています。

赤外スペクトルの見方

　波数の数字が大きいほど大きなエネルギーを持つ光です。したがって、赤外スペクトルでは左側ほどエネルギーの大きな振動、右側ほど小さな振動のピークが現れます。特に1300cm^{-1}以下は単結合の吸収などが重なって複雑になり、類似した化合物の識別に役立ちます。この波数領域は**指紋領域**と呼ばれます。

　赤外スペクトル取得の注意点として、CO_2とH_2Oがあります。この二つは赤外スペクトルの定番きょう雑ピークとなります。装置の中にはこれらを自動的に除去してスペクトルを描く仕様のものもあります。

　種々のIRスペクトルデータライブラリーが市販されており、この中から検索して試料スペクトルと一致する物質を探すことができます。携行型の装置を使って爆発物などを現場で同定する場合もあります。

装置のタイプと試料調製法

　赤外分光光度計には分散型とフーリエ変換型（FT）＊があります。FT-IRは感度が高く測定所要時間も短いため、近年はほとんどこちらが使われています。

　測定法としては従来透過法が用いられてきました。しかし近年は**拡散反射法**や**全反射測定（ATR）法**、**顕微法**もよく用いられます。粉末試料の透過法では、KBrと混合して加圧し錠剤にして測定する**KBr錠剤法**が標準的です。流動パラフィンと混合してKBr結晶にはさみこむ**ペースト法**（ヌジョール法）も使われてきました。ATR法は試料調製が簡便なことが特徴で、ゲルマニウムやセレン化亜鉛などのプリズムに密着した試料にもぐりこむ光の吸収を測定します。

　顕微IRは近年大きく進歩した分野です。微小領域のマッピング測定ができることから、食品や工業製品中の異物解析、犯罪鑑識などに威力を発揮しています。

＊**フーリエ変換**　P.114のコラム参照。

赤外スペクトル

二酸化炭素と水のピークが表れたスペクトル

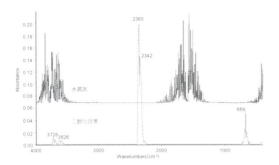

サーモフィッシャーサイエンティフィック株式会社「赤外スペクトルの読み方(基礎編)」より

各種試料調製法と測定法

KBr錠剤法（透過）

試料を粉末にし、KBrと混合してプレス機で加圧

ペースト法（透過）

試料を粉末にし、流動パラフィンと混合してセルに挟む

ATR法

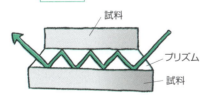

プリズムに試料を密着させ、試料にもぐり込む全反射光を測定

拡散反射法

試料内部で反射を繰り返した光を測定

5-8 近赤外分光

赤外線の中でも可視光線に近い波長の光を近赤外線、遠い光を遠赤外線と呼びます。近赤外線は透過性が強く、これを使えば非破壊・非接触で化学組成を知ることができます。

▶▶ 長らく顧みられなかった分光法

近赤外（NIR）領域とは、だいたい波長＊700～2500 nmを指します。この範囲の光は透過性がよく、伝送できる情報量も多いことから、光ファイバーにも使われています。

近赤外光は分析手段としてはあまり顧みられることがありませんでした。というのは、赤外域（中赤外域）では分子の官能基の特性をよく表すスペクトルを取得でき構造解析に大いに役立つのに対して、近赤外域は複雑で帰属の難しいスペクトルしか得られないからです。右ページ上図のスペクトル例を見てもわかるでしょう。前項で見た赤外スペクトルにははっきりしたピークがいくつもあったのに対して、近赤外スペクトルはダラダラした右肩上がりの形になります。また、近赤外の吸収は微弱で、検出するにはSN比（12-8項）の大きな装置が必要です。

しかし近年は脚光を浴びる分析法となっています。大きな要因の一つはコンピュータ技術の進歩です。ダラダラしたスペクトルであっても、コンピュータを駆使した高度な解析により成分組成を計算できます。となると、物質を透過する近赤外は非破壊で分析を行える有用なツールとなります。

▶▶ 果物に傷を付けずに甘みを測定

ミカンや桃に「光センサー」の表示が付いているのに気づいたことはありませんか。実はこれが近赤外分光分析です。ベルトコンベアーで流れる農産物に強力な光を照射し、透過する光を測定して糖分の定量を行っています。

近赤外分光分析は、大まかな組成が同じで少しずつ違うものの分析に向いています。この特性を生かして、工業製品の品質管理や身体に傷を付けない血液分析など、幅広い応用が発展しています。定量のためには濃度既知の標準試料による検量線作成が必要です。

＊**波長** 近赤外スペクトルの横軸は波長（nm）または波数（cm^{-1}）が用いられる。

近赤外分光

近赤外スペクトル例

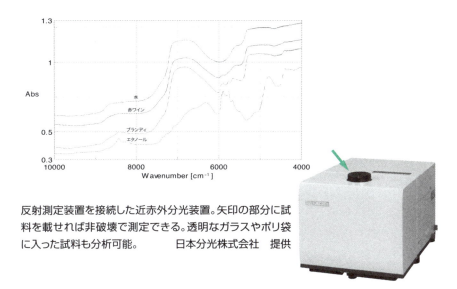

反射測定装置を接続した近赤外分光装置。矢印の部分に試料を載せれば非破壊で測定できる。透明なガラスやポリ袋に入った試料も分析可能。　　日本分光株式会社　提供

温州ミカンの糖度選別機（全照射・外光遮断方式）

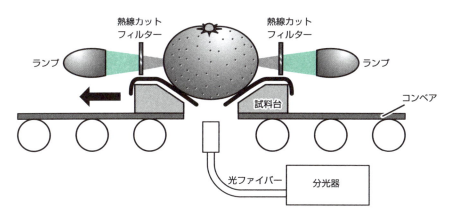

日本分析化学会近畿支部編『はかってなんぼ　職場編』（丸善、2003）参考

5-9 ラマン分光

ここまでの分光法は可視光線・紫外線・赤外線など、エネルギーの異なる光を使うものでした。しかしラマン分光は光の種類による名称ではありません。そして、吸収をはかるものでも発光をはかるものでもありません。いったいどんな方法でしょうか？

▶▶ 散乱の前と後でエネルギーが違う

紫外可視分光や赤外分光は分子による光の吸収をはかるもの、蛍光分光は分子による発光をはかるものでした。ラマン分光では、**ラマン散乱**と呼ばれる散乱光を測定します。

散乱の中で私たちの暮らしに身近なものは**レイリー散乱**です。これは光が物質に当たって単に進路を曲げられるもので、空の青さや夕焼けの赤さはレイリー散乱によります。レイリー散乱の前後で光のエネルギーに変化はありません。

いっぽう、ラマン散乱では光と物質が相互作用するので、散乱前の光と散乱後の光はエネルギーが異なります。この差のことを**ラマンシフト**といいます。ラマン散乱によってエネルギーが減った光をストークス線、増えた光をアンチストークス線と呼びます。物質によってラマンシフトの大きさが異なることを利用して分析を行います。

▶▶ 赤外吸収と相補的な情報が得られる

ラマン分光で使われる光は主にレーザーを光源とする可視光線です。また、ラマンシフトの単位は赤外分光と同じくcm^{-1}です。

「ラマン分光は赤外分光と相補的」とよくいわれます。その理由は、赤外線を吸収しない振動モードでラマン散乱が起こるからです。例えば二酸化炭素の場合、O＝C＝Oの2本の結合が交互に伸縮する振動は赤外活性でラマン不活性、逆に、同時に伸縮する振動はラマン活性で赤外不活性です。また、水のラマン散乱は比較的弱いので水溶液や生物試料の測定が行えるのも赤外分光と大きく違う点です。さらに、ガラス、プラスチックなども透過しますから、ポリ袋やバイアル瓶内の試料の分析が可能です。

近年は顕微ラマン装置が普及し、異物解析、微小物分析、微小領域のマッピング測定などが行われています。

ラマン分光の仕組み

ラマン分光光度計の構成

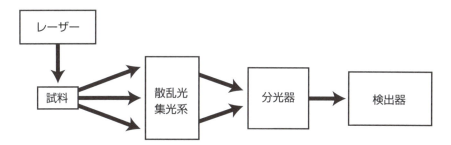

エタノールの赤外スペクトルとラマンスペクトル

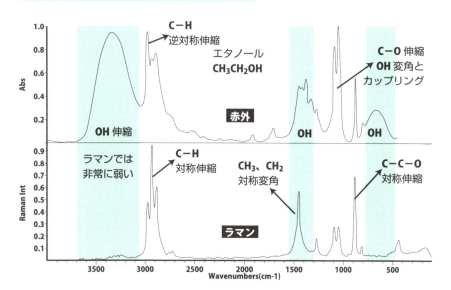

サーモフィッシャーサイエンティフィック株式会社
「FT-IRレベルアップ講座！2」より

5-9 ラマン分光

フーリエ変換

　分析装置の名前に「フーリエ変換」または「FT」と付いているものがあります。いちばんなじみ深いのはフーリエ変換赤外分光光度計（略称FT-IR）でしょう。NMRもFT-NMRと呼ばれることがあります。フーリエ変換とは何でしょうか？

　1980年代頃までは、フーリエ変換タイプでないIRやNMRが多くの分析試験室や化学実験室で使われていました。それらのIRやNMRは、測定をスタートするとペンレコーダーのペンがチャート紙の上をゆっくりと動いてスペクトルを記録するものでした。装置のほうでは赤外光またはマイクロ波の波長が徐々に変化しており、それに対する信号強度をペンレコーダーが記録するわけです。わかりやすい仕組みですが、測定時間は長く、感度は低い装置でした。

　FT型のIRやNMRでは、スペクトルは一瞬にしてコンピュータの画面上に現れます。そして積算回数が増すごとにノイズが減ってきれいなスペクトルになります。

　フーリエ変換は、様々な周波数の波が合成されたパターンから、各周波数成分がどの程度含まれているか（つまりスペクトル）を描く数学的な処理法です。広がりのある周波数範囲を一度に測定できるために、短い時間で感度の高い測定が可能です。下は人の声をフーリエ変換した例です。

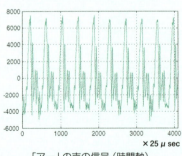
「アー」の声の信号（時間軸）

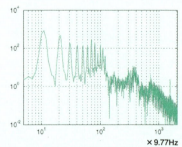
フーリエ変換して得られるスペクトラム

神戸市立工業高等専門学校　松田忠重名誉教授　提供

原子分光分析

分子やイオンを炎やプラズマの中でバラバラの原子またはイオンとし、このとき吸収または放出される光を観測するのが原子吸光分析とICP発光分析です。これらは特に微量金属の分析に欠かせない手法です。

6-1
原子が光を吸収・放出する仕組み

炎色反応は中学校・高校の化学実験の中でも印象に残りやすいものの一つでしょう。ナトリウムは黄色、銅は青緑色——原子は特有の光を放出します。花火やオーロラの色も原子が放つ光の色です。

▶▶ 原子分光と分子分光の違い

　この章で扱うのは分子をそのまま分析する方法でなく、バラバラの原子状にして分析する方法です。照射する光は可視から紫外の領域です。分子に可視光線や紫外線を当てるとそのエネルギーはまず分子内での電子状態の変化に使われ、元素固有の特徴は明瞭でありません。それに対してバラバラの原子に光を当てれば元素固有の吸収や発光が観察できます。つまり、分子分光と原子分光とでは使う光の種類に違いはありませんが、試料の形態が違うのです。もちろん得られる情報も違います。

　原子は特定の波長の光を吸収して励起状態になります。この吸収を測定するのが**原子吸光法**です。また、励起された原子が安定な状態に戻るときには光を放出します。この発光を測定するのが**発光分析法**です。原子が励起されるときに吸収する光と戻るときに放出する光は同じエネルギー（波長）です。

▶▶ ヘリウムはまず宇宙で見つかった

　発光を観測して元素を探る研究は19世紀に盛んに行われ、新元素の発見に大いに貢献しました。エネルギー源としては主に炎が用いられました。この手法は**炎光光度分析**と呼ばれ、現在では排水中のナトリウム・カリウム分析やガスクロマトグラフィーの検器として利用されています。

　ヘリウムが太陽のコロナのスペクトル分析から発見されたことは有名です。ヘリウムは水素と共に太陽の主要な構成元素ですが、地球の大気中には0.0005％しか含まれていません。1868年8月18日、インドで起こった皆既日食でコロナのスペクトルを観測した複数の科学者が、未知の黄色の光に気づきました。この光を発する元素は後にギリシャ語のhelios（太陽の意）にちなんでヘリウムと名づけられました。

　現在でもスペクトルの解析によって遠くの天体の元素組成などが研究されています。

6-1 原子が光を吸収・放出する仕組み

原子と光

原子が光を吸収・放出する仕組み

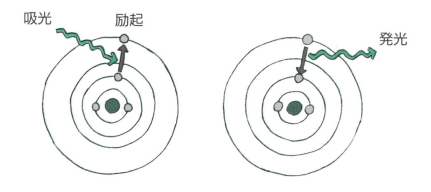

天体のスペクトル観測を行う高分散分光器(HDS)

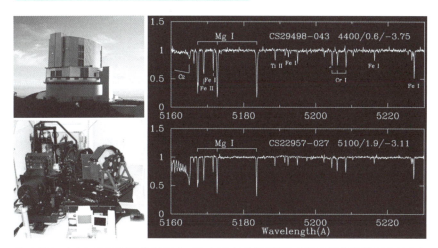

ハワイ島マウナケア山頂(標高4,200m)にあるすばる望遠鏡には高分散分光器HDS(左下)が設置されており、遠くの天体に存在する元素の研究ができる。右は二つの星のスペクトル比較。鉄やマグネシウムなどの吸収線が見え、星が生まれた時期などを推定できる。

国立天文台　提供

6-2
原子吸光法① 装置の仕組み

太陽光のスペクトルは赤から紫までの色が並ぶ連続スペクトルですが、拡大すると無数の暗線が見られます。これはフラウンフォーファー線と呼ばれるもので、太陽の上層に存在する元素や地球の大気中の酸素などによって太陽光が吸収されて表れます。

▶▶ 化合物を原子状にする方法のいろいろ

バラバラの原子状にした元素による光の吸収を測定するのが、原子吸光分析（AAS）です。原子化された分析種の濃度・光路長と吸収の強さとの間には、紫外・可視分光分析と同様にランバート-ベアーの法則が成り立ちます。

原子化の方法で従来から広く用いられているのは、炎の中に霧状にした試料を導く方法です。これは**フレーム原子化法**と呼ばれます。フレーム用のガスとしては空気-アセチレンや亜酸化窒素-アセチレンなどが用いられます。

いっぽう、炎を用いない**電気加熱原子化法**では、黒鉛または金属でできた炉（チューブ、キュベット）に試料を入れて大電流を流し、発生する熱によって原子化します。主に用いられているのは黒鉛炉なので、**グラファイトファーネス原子化法**または**ファーネス原子化法**とも呼ばれます。電気加熱原子化法はフレーム法よりも高い感度が得られ、少量の試料で分析ができます。

▶▶ 目的元素ごとにランプが必要

原子吸光の吸収線幅はきわめて狭いため、通常の連続スペクトルを持つ光源を使って検出することはできません。そこで、分析対象の化合物ごとに違うランプを使います。各ランプには対象元素そのものがコーティングされていて、それぞれ固有の波長の光を発生します。

目的元素ごとにランプを交換するということは、特定の元素しか検出できないということです。つまり原子吸光は定性には不向きな装置で、主に定量に使われます。そのデータは分子分光分析の章で見てきたようなスペクトルにはならず、強度のみのデータです。フレーム法では台形に近い形状、電気加熱原子化法ではピーク状のデータが得られます。

6-2 原子吸光法① 装置の仕組み

装置の違い

原子吸光光度計の原理図

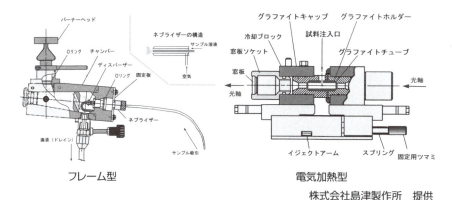

フレーム型　　　　　　　　　　　　　電気加熱型

株式会社島津製作所　提供

原子吸光光度計(フレーム型・電気加熱型複合装置)とデータ例

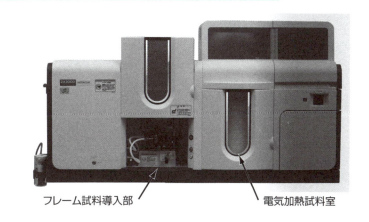

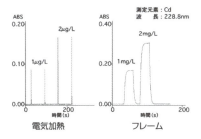

グラファイトチューブ

株式会社日立ハイテクサイエンス　提供

6-3

原子吸光法② 測定の実際

原子吸光法は環境、金属、化学、医薬品、食品などの幅広い分野で金属などの分析に利用されます。As、Se、Sb、Hgの分析には特殊な付属装置が使われます。

▶▶ 試料の調製

原子吸光分析を行う試料は3-5項で述べた方法などにより溶液にする必要があります。試料溶液はフレーム型の場合チューブで吸引して装置に導入し、電気加熱型の場合グラファイトチューブに注入してセットします。

ヒ素・セレン・アンチモンの分析には**水素化物発生法**が用いられます。装置の概要を右ページ上図に示しました。この方法では、水素化ほう素ナトリウムなどの還元剤でAs、Se、Sbを気体状の水素化物にして測定します。

水銀の分析*には**還元気化法**または**加熱気化法**が用いられます。還元気化法は、水試料または水溶液にした試料中の水銀を塩化すずで還元したときに発生する水銀蒸気を石英管に導入して原子吸光測定します。加熱気化法は、固体試料を加熱し、気化した水銀を捕集して再度気化して測定します。

▶▶ 誤差要因と感度

原子吸光法では各種の干渉が誤差の要因となります。干渉には大きく分けて物理干渉・化学干渉・イオン化干渉・分光干渉があります。物理干渉は、標準試料と測定試料の粘性や表面張力の違いから起こります。化学干渉は、試料に含まれる共存物質が目的成分の原子化を阻害して起こります。イオン化干渉は主にフレーム法でNa、K、Ca、Baなどイオン化電位の低い化合物がイオン化して起こります。これらの対策としては標準液と試料液で共存物質をそろえるマトリックスマッチング、標準添加法（12-2項）などがあります。分光干渉は共存物質の吸収が測定元素の波長に近接しているために起こり、標準添加法では補正できません。分光干渉の対策としてはバックグラウンド補正を行います。

原子吸光分析と次項で解説するICP発光分析、そして8章で解説するICP-MSの感度比較を下図に示しました。

---

* **水銀の分析**　いずれの気化法も有害な水銀蒸気が発生するので活性炭などで除去する仕組みになっている。

6-3 原子吸光法② 測定の実際

分析装置の実際

水素化物発生装置

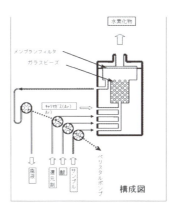

構成図

サーモフィッシャーサイエンティフィック株式会社
「元素分析トータルソリューション！基礎編」より

各元素分析装置の感度比較

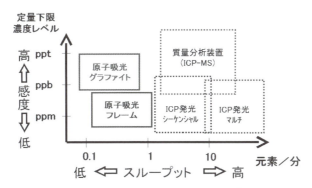

（注）元素種やサンプルによって異なります

株式会社日立ハイテクサイエンス「元素分析でお困りの方へ」(セミナー資料)より

6-4
ICP発光分析① 仕組み

オーロラやコロナ光はプラズマ中で原子が発光する自然現象です。誘導結合プラズマ（ICP）発光分析法も、プラズマ中で試料を原子化・イオン化して発光させ、その光を測定して元素分析を行うものです。

▶▶ 5000〜6000Kのプラズマ中で発光

プラズマとは気体中の原子や分子が電離して、正イオンと電子がほぼ等量まざりあって存在している状態です。原子吸光がその名のとおり光の吸収を測定する方法であるのに対し、**誘導結合プラズマ（ICP）発光分析**ではアルゴンプラズマを使って原子及びイオンを発光させます。

プラズマは右ページ上図のような透明石英ガラス製のトーチに点灯します。トーチを包む同心円状の誘導コイルにより高周波を印加し、アルゴンガスを電離させてドーナツ状のプラズマを生成します。このプラズマはガスやろうそくの炎のような化学炎に対して物理炎とも呼ばれます。試料はこのプラズマの中心部に導入されます。

原子吸光法の空気-アセチレン炎は2000〜3000Kですが、アルゴンプラズマの温度は5000〜6000Kに及ぶ高温で、多くの元素を効率よく励起し発光させます。元素に固有の波長を検出することで定性を行い、発光の強度を測定して定量を行います。

ところでこの分析法にはいくつかの名称があります。JIS K 0212分析化学用語（光学部門）：2007には、「誘導結合プラズマ発光分光分析法」と「高周波誘導結合プラズマ発光分光分析法」の名称が併記され、略称としては「ICP-AES」と「ICP-OES」が併記されています。これらはすべて同じ意味です。

▶▶ 試料は溶液として導入

右ページ下図には試料導入部からトーチに至る装置の構造を示しました。ICP-AESではフレーム原子吸光装置と同様、霧状にした試料をプラズマの中心部に導きますから、固体試料は3-5項で述べた方法などによる溶液化が必要です。溶液はネブライザーで霧状にされてトーチに導かれます。

6-4 ICP発光分析① 仕組み

ICP発光分光分析の仕組み

プラズマトーチ（一例）

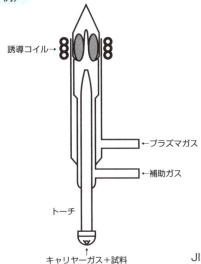

JIS K 0116:2014より

試料導入部（一例）

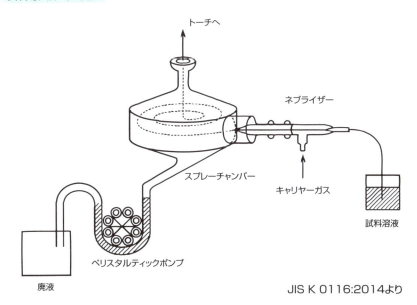

JIS K 0116:2014より

6-5
ICP発光分析② 測定の実際

ICP-AESは金属、化学、薬品、食品、環境、その他様々な試料中の多種類の元素の分析に用いられます。測定対象元素が多い場合には圧倒的に有利な分析法ですが、コストの高さという難点もあります。

▶▶ 測定対象元素は幅広い

右ページ図に示したとおり、**ICP-AES**は一度に70以上の元素を測定可能です。原子吸光分析では元素ごとに光源ランプの交換が必要ですから、測定対象元素が多いほどICP-AESの優位性が表れます。また、ダイナミックレンジもICP-AESのほうが広くなっています。

しかしICP-AESは高温・高電圧の制御や分解能の高い分光器が必要であるなどの理由で装置価格が高い上、アルゴンガスの消費量も大きい（10-30L/min）ことから、ランニングコストも高いという欠点があります。

ICP-AESの測定モードには**シーケンシャル型**と**多元素同時検出**（マルチ）**型**があります。シーケンシャル型は測定波長を変えて元素ごとに発光強度を測定するものです。多元素同時検出型は短時間に多くの元素を同時定量できますが、シーケンシャル型より若干分解能が劣ります。

紙幅の関係でデータ例は示していませんが、ICP-AESのスペクトルは測定対象元素ごとに狭い範囲を表示する場合が多く、1本から数本のピークだけが表れるシンプルな形＊です。分子分光分析のスペクトルとは趣が異なります。

原子吸光分析と同様、水素化物発生ICP-AESも行われます。

▶▶ 干渉の原因と対策

ICP-AESでも原子吸光法と同様に物理干渉・化学干渉・イオン化干渉・分光干渉が起こり、分析の誤差要因となります。その内容は原子吸光法と類似しています。

対策としては、原子吸光法と同様にマトリックスマッチング、内部標準、標準添加法があります。分光干渉は標準添加法では補正できません。元素間干渉補正やスペクトル分離による補正が行われます。

＊シンプルな形　各元素は測定対象以外の波長にも複数のピークを持つ。

6-5 ICP発光分析② 測定の実際

ICP発光分析で測定できる元素と感度

検出限界（3σ）

凡例	
0.01〜1ppb	0.5〜5ppb
1〜10ppb	>10ppb

株式会社堀場製作所　技術資料より

6-5 ICP発光分析② 測定の実際

真空度、圧力の単位

圧力はいろいろな単位が混在している物理量です。SI単位はPaですが、atmとmmHgもよく使われます。ある程度以上の年代なら天気予報で「ミリバール」が使われていたことも記憶にあるでしょう。

化学分析で圧力を測定する必要がある場合を列挙すると、GCのキャリヤーガス圧力、ガスボンベの圧力、HPLCの背圧、カラム耐圧、質量分析計や電子顕微鏡の真空度、凍結乾燥機やデシケータの真空度、エバポレーターの真空度などがあります。

圧力の単位はPaに統一されていく方向ではありますが、いまだに分析装置の表示などではPa以外の単位もよく見かけます。海外メーカーの装置にはメートル法ですらないpsiを表示するものがあります。それぞれの単位の概要を簡単に説明します。

- 1 Pa(パスカル) = 1 N/m^2 SI単位。できる限りこれを使うほうがよい。
- 1 psi(プサイ、ピーエスアイ) = 6895 Pa 1平方インチ当たり1ポンドの力。
- 1 at(アト:工学気圧) = 1 kgf/cm^2 = 98066.5 Pa 装置の圧力表示に広く使われてきた。
- 1 atm(アトム) = 0.101325 MPa 標準気圧に基づく単位。1気圧ともいう。
- 1 mmHg(水銀柱ミリメートル) = 133.322 Pa 水銀柱1mmの圧力。血圧測定に使用。
- 1 Torr(トル) = 1 mmHg = 133.322 Pa 生体内の圧力や真空用に使われる。
- 1 bar(バール) = 10^5 Pa 液体クロマトグラフィー用カラムの耐圧表示に使用しているメーカーがある。

第7章

X線・電子線を
使う分析

　X線といえば胸や胃の検診、電子線といえば電子顕微鏡が思い浮かびます。どちらも画像データを得る技術。どうやって化学分析と結びつくのでしょうか？　X線と電子線の深い関係についても見ていきます。

7-1

X線と物質の相互作用

私たちの暮らしに身近なX線。高いエネルギーを持つX線は、物質と相互作用して様々な現象を起こします。それぞれの現象を利用して特徴のある分析装置が作られています。

▶▶ 透過・光電効果・散乱が起こる

　X線は1895年、ドイツの物理学者レントゲンによって発見されました。光と同様に電磁波の一種で、波長は0.01〜1nm程度＊です。これは可視光線の波長（400〜800nm程度）の数百分の1から数万分の1。電磁波のエネルギーは波長に反比例しますから、X線のエネルギーは可視光線のエネルギーの数百倍から数万倍ということになります。0.1〜0.5nm程度より長波長側を**軟X線**といいます。この領域には、水に吸収されない波長領域「水の窓」（2.3〜4.4 nm）があります。

　X線を物質に照射すると右ページ上図のような様々な相互作用が起こります。

　透過は、X線が物質と相互作用せず通り抜ける現象です。原子番号の大きい元素ほどX線が透過しにくい性質を利用して画像データが得られます。これは結核やがんの検診、歯科治療、空港の手荷物検査、工業製品の品質管理などに利用されています。

　光電効果は、X線の一部が物質に吸収され、そのエネルギーによって原子の中の電子がはじき飛ばされて光電子が飛び出す現象です。光電子を放出した原子はイオン化して不安定な励起状態になります。これが安定化するとき、**蛍光X線**または**オージェ電子**が放出されます。

　散乱には**トムソン（レイリー）散乱**と**コンプトン散乱**があります。X線の波長が変化しないで方向だけ変わるのがトムソン散乱、電子に運動エネルギーを与えて波長が長くなるものがコンプトン散乱です。

　可視光線の散乱にもレイリー散乱とラマン散乱がありました。波長が変化しないレイリー散乱は空の青や夕焼けの赤を作り出し、波長がシフトするラマン散乱はラマン分光として利用されるのでしたね。これに対してX線の場合は、波長が変わるコンプトン散乱よりも波長が変化しないトムソン散乱が分析（X線回折）に利用されます。

＊**波長**　X線の波長の範囲は文献により幅がある。また、他の電磁波の波長との関係については5-2項の表参照。

7-1　X線と物質の相互作用

X線を使った分析

物質とX線の相互作用

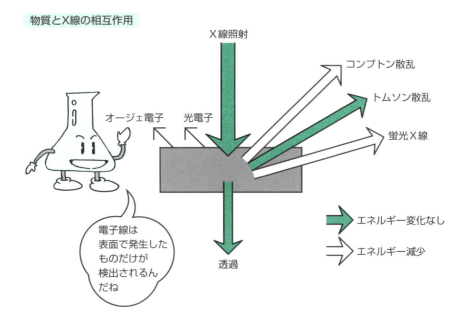

電子線は表面で発生したものだけが検出されるんだね

X線または電子線を利用する主な分析方法

名称	略称	照射	検出	原理	用途
蛍光X線分析	XRF	X線	X線	X線照射によって発生する特性X線	元素分析
X線回折	XRD	X線	X線	結晶面でのトムソン散乱によって起こる回折	結晶構造 化合物情報
X線光電子分光法	XPS	X線	電子線	光電効果によって放出される光電子	表面の元素分析・結合状態分析
透過型電子顕微鏡	TEM	電子線	電子線	電子線の透過と散乱	薄膜状試料の形態観察
走査型電子顕微鏡	SEM	電子線	電子線	電子線照射によって発生する二次電子や反射電子	表面の形態観察
オージェ電子分光法	AES	電子線	電子線	オージェ電子	微小領域表面の元素分析 深さ方向分析
電子プローブマイクロ分析 等	EPMA ※ SEM-EDX	電子線	X線	電子線照射によって発生する特性X線	表面観察＋元素分析

※EPMAの定義にSEM-EDXまで含まれる場合がある。7-5項参照。

7-2

蛍光X線分析

X線を用いる化学分析の中で最も幅広い用途に使われるのが蛍光X線分析。物質にX線を照射したときに発生する蛍光X線を検出し、元素分析を行います。

▶▶ 元素に固有な特性X線

右ページ上図は原子の構造を描いた**ボーアモデル**です。原子核の周囲に内側から順にK殻、L殻、M殻……と名づけられた軌道、すなわち**電子殻**があり、それぞれに決まった個数の電子が存在しています。エネルギー状態は外側に行くほど高くなります。内側の軌道を**内殻**、外側の軌道を**外殻**といいます。

X線のエネルギーは数keV～数十keVで、ちょうど内殻電子と原子核との結合エネルギーに相当します。このためにX線は内殻電子をはじき飛ばして光電効果を起こします。内殻電子がはじき出された後の空孔には、外殻から電子が落ちてきます。内殻のほうがエネルギー状態が低いからです。このとき、外殻のエネルギーと内殻のエネルギーの差に当たるエネルギーがX線として放射されます。これが**蛍光X線**です。

軌道のエネルギーは原子によって固有なので、軌道と軌道とのエネルギー差も固有です。そのために蛍光X線は元素に特有の波長を持ち、**特性X線**とも呼ばれます。

▶▶ ICP-AESとはここが違う

あれ？　どこかで聞いたような……と思いますか。そのとおり、この図は6-1項の図とそっくりです。誘導結合プラズマ発光分析（ICP-AES）では、励起状態の原子が安定化するときの発光スペクトルを観測して元素情報を得ます。

ただしICP-AESでは内殻ではなく外殻の電子が励起される反応が主体です。何より大きな違いは、ICP-AESでは光のエネルギーによって原子を励起するわけではなく、高温の誘導結合プラズマを使うという点です。したがってICP-AESの分析試料は溶液にしてネブライザーで霧状にする必要があり、また、装置は大掛かりです。これに対して蛍光X線分析はX線で励起してX線を検出するので、試料を破壊することなく、小型の装置で分析が可能です。さらに、前処理が不要で簡便です。ただし得られる定量値の精確さはICP-AESほどではありません。

7-2 蛍光X線分析

蛍光X線分析

蛍光X線の発生機構

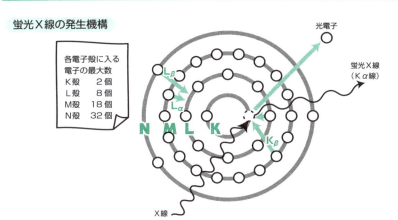

各電子殻に入る電子の最大数
- K殻 2個
- L殻 8個
- M殻 18個
- N殻 32個

WDX

ブラッグの式
$n\lambda = 2d\sin\theta$
によって分光
（7-3項参照）

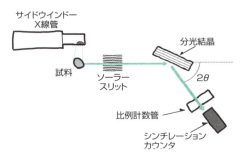

波長分散型蛍光X線分析装置の例

EDX

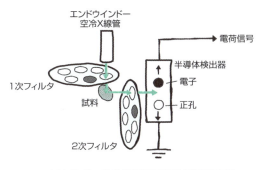

エネルギー分散型蛍光X線分析装置の例

河合 潤『分析化学実技シリーズ 蛍光X線分析』（共立出版、2012）

▶▶ 波長分散型とエネルギー分散型

　発生した蛍光X線は分光器と検出器でスペクトルを取得して元素分析を行いますが、分光方式には**波長分散型（WDX）**と**エネルギー分散型（EDX）**があります。それぞれの構成を前ページ下図に示しました。

　WDXは光分析において回折格子を使うようにX線を波長の大きさごとに分光するものですが、人工の回折格子では実現できない細い溝が必要なため、代わりに**分光結晶**を用います。現在ほとんどの機種でLiF（200）、PET、Ge、TAP（TIAP）の4結晶が使用され、FからUまでの元素のスペクトルを分解能高く測定できます。

　これに対してEDXは半導体検出器を用いてX線のエネルギーの大きさを識別します。一般的な半導体検出器では通常Na以上の原子番号の元素が分析可能です。EDXはWDXよりも分解能が劣りますが小型・軽量で、片手で持てるハンドヘルド型の装置も市販されています。

　蛍光X線分析法は、環境試料中の重金属、エレクトロニクス関連、各種材料、犯罪捜査などの分析に欠かせない手法です。特に、携行性が良く非破壊分析が可能なことから、土壌の現場分析や大型文化財の分析などに威力を発揮しています。

▶▶ 大型放射光施設

　ポータブルな蛍光X線分析装置がある一方で、大型の施設で発生させたX線を利用する分析も行われています。兵庫県の播磨科学公園都市にあるSPring-8は、1998年に和歌山市で発生した亜ひ酸入りカレー事件に関連した鑑定に利用されたことで有名です。SPring-8では、電子を光とほぼ等しい速度まで加速し、磁石によって進行方向を曲げて細く強力なX線（放射光）を発生させます。このX線は通常の装置で発生させるX線よりも高エネルギー・高輝度で、高い指向性・平行性をもつので、通常は分析が困難な微量重元素の定量などが可能です。SPring-8に隣接して作られたX線自由電子レーザー施設、愛称「SACLA（さくら）」では、2011年に波長0.8 Å（0.08 nm）というX線を発生、観測することに成功しました。つくば市にある高エネルギー加速器研究機構(KEK)のフォトンファクトリーなど、国内では他にもいくつかの大型放射光施設が稼働しています。

7-2 蛍光X線分析

蛍光X線分析の応用

WDX及びEDXの分解能比較

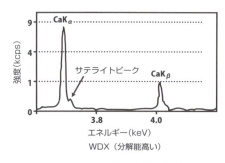
WDX（分解能高い）

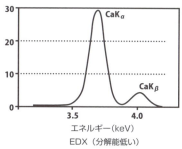
EDX（分解能低い）

標準物質NIST―SRM612ガラスの測定結果（CaのK$_\alpha$線とK$_\beta$線の分離）
中井泉（編）『蛍光X線分析の実際』（朝倉書店，2005）参考

ハンドヘルド型蛍光X線分析装置による現場分析

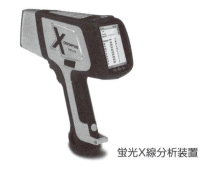
蛍光X線分析装置

考古学史料の成分分析

オリンパス株式会社　提供

大型放射光施設

SPring-8（円形の施設）と
SACLA（直線状の施設）

SACLAの集光光学系

国立研究開発法人 理化学研究所　播磨事業所　放射光科学総合研究センター　提供

7-3
X線回折

X線が結晶格子面で反射されると、干渉によって回折が起こります。回折パターンから結晶構造を解析するX線回折（XRD）は、歴史のある方法です。結晶性物質の強力な同定法として利用が広がっています。

▶▶ X線回折のどこが特別？

ここまで解説してきた様々な分析法には、根本的に同じ点があります。それは「あるエネルギーの電磁波＊を試料に当て、出てくる電磁波のエネルギーを測定する」というパターンです。「入」と「出」のエネルギーの違いから、その間に相互作用した物質の情報が得られるわけです。

ところがX線回折は違います。この手法では、物質に照射されたX線がエネルギーを失うことなく反射されるトムソン散乱を使います。つまり、照射するものも出てくるものも同じ波長のX線。いったい、なぜこれで物質の情報が得られるのでしょうか？

その秘密は、自然が作る規則正しい構造である結晶による**回折**です。上図のように結晶に入射したX線は、**ブラッグ反射の条件式**を満たすときに位相が強めあったり弱めあったりして回折パターンを作ります。これを数学的に解析することで結晶の構造を調べることができるのです。

X線結晶回折は無機物のみでなくたんぱく質やDNAなど生命科学分野での立体構造解析にも活躍しています。

▶▶ 化合物情報が得られる粉末X線回折

単結晶のXRDは構造解析に利用されますが、粉末結晶からは化学種の情報が得られます。これは**粉末X線回折**と呼ばれます。

粉末X線回折パターンは複雑なので、コンピュータに登録されたデータベースから検索します。元素分析ではなく結晶性物質の同定ができます。

粉末X線回折は鉱物、化学工業、医薬品などの分野で汎用されます。また、建材製品中のアスベスト含有率測定法としてJISに採用されています。

＊電磁波　電磁波でなく電子線の場合もある。

X線回折

結晶によるX線の回折

ブラッグ反射の条件式
$n\lambda = 2d\sin\theta$
λはX線の波長

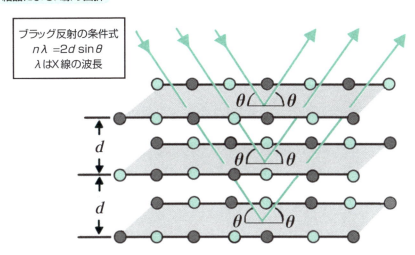

David Renneke教授のウェブサイト（Augustana大学）参考

粉末X線回折パターン例（アスベスト）

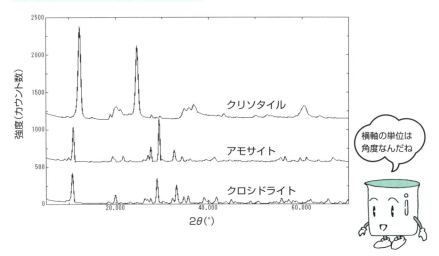

横軸の単位は角度なんだね

株式会社リガク　提供

7-4
電子顕微鏡

テレビの科学番組や新聞記事、ときには広告でも電子顕微鏡写真が登場します。ごぞんじのとおり、光学顕微鏡では見ることのできない微小な世界を画像にする手法です。

▶▶ 透過型と走査型がある

　電子顕微鏡はその名のとおり電子線を使って試料を観察する装置です。可視光線の波長はおよそ400〜800nmで、これより小さなものを見ることは原理的にできません。それに対して、例えば300kVの加速電圧をかけた電子線の波長は0.002nmです。また、電子線は電荷を持つためドーナツ型のコイル（磁界型電子レンズ）の磁場によって精度良く絞ることができます。電子線の「短い波長」「収束のしやすさ」が、ナノの世界を見ることができる電子顕微鏡の基本原理です。

　電子顕微鏡には**透過型電子顕微鏡（TEM）**と**走査型電子顕微鏡（SEM）**があります。それぞれの装置の構成を右ページ上図に示しました。

　TEMは薄く調製した試料に電子ビームを照射し、透過または散乱した電子を検出して観察を行うものです。電子線の加速電圧が高いほど分解能が高く、条件が整えば原子配列まで画像として捉えることができます。これに対してSEMは表面を観察するもので、試料を薄くする必要はありません。SEMで観察するのは電子線を照射することによって試料表面から放出される**二次電子**です。電子は透過性が低いため、試料の内部で発生したものは検出器まで届きません。したがってSEMでは表面の形状を観察できます。SEMの分解能は原子1個ずつを識別するところまでは行っていませんが、立体的な像が得られます。

　電子線は電荷を持つため、試料が絶縁体の場合は電子が蓄積して**チャージアップ**し、クリアな画像が得られないことがあります。これを防ぐために、試料表面をカーボンや金属で薄くコーティングする前処理が行われます。

　また、電子線は空気中では進めないため、電子顕微鏡の内部は高度な真空になっています。したがって水分やガスが揮発する試料は観察できません。ただしSEMの真空度はTEMより低めで、近年は検出器の感度向上などにより、水分を含む試料をそのまま観察できる装置が出ています。

7-4 電子顕微鏡

電子顕微鏡の仕組み

TEMとSEMの装置構成例

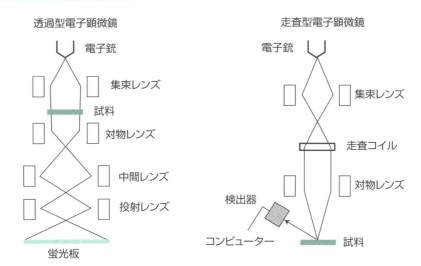

中田宗隆『なっとくする機器分析』（講談社 2007）参考

TEMとSEMのデータ例

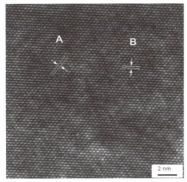

TEM画像例（シリコン単結晶）
0.31 nm(A)及び0.27 nm(B)の
格子像が明瞭に観察されている

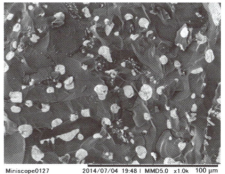

SEM画像例（セラミックス）
反射電子と二次電子の合成画像
白く粒状に見える部分は重い元素で構成されている

株式会社日立ハイテクノロジーズ　提供

7-5

SEM-EDXとEPMA

電子顕微鏡で観察できるのは電子線ばかりではありません。電子線を照射された試料からはX線も発生します。走査型電子顕微鏡にEDXを取り付けてこのX線を検出する装置は、SEM-EDX（またはSEM-EDS）として広く普及しています。

▶▶ 画像を見ながら化学組成も

物質に電子線が照射されると内殻電子がはじき出され、その位置に外殻から電子が落ちてきます。その際に余分なエネルギーをX線として放出します。これは蛍光X線と同様の特性X線で、この波長を測定すれば微小領域の元素の種類がわかります。

特性X線の測定装置としては、蛍光X線装置と同じくEDX（EDSとも呼ばれる）とWDXがあります。これらはTEMにもSEMにも装着されます。特に、SEMにEDXを組み合わせた装置 **SEM-EDX** は普及しています。軽元素はX線による励起では感度が低いのに対し、電子線では感度良く検出できます。最近のSEM-EDXはBからUまでの元素を測定できるものがほとんどです。

いっぽう、WDXを搭載して通常のSEM-EDXよりエネルギーの大きな電子銃を使う装置が **電子プローブマイクロアナライザ（EPMA＊）** として普及しています。SEM-EDXほどの高倍率は得られませんが、より正確な元素情報がわかります。

SEM-EDXやEPMAのように微小部分の元素分析を行う装置では、**空間分解能** と **エネルギー分解能**（または **波長分解能**）の2通りを考える必要があります。空間分解能は空間的に接近している2点を識別する能力、エネルギー分解能はスペクトル上で接近している2本のピーク（つまり元素の種類）を識別する能力です。

▶▶ 電子線はX線の源（みなもと）

ところで、物質に電子線を照射するとX線が発生する現象は、分析用X線の発生原理でもあります。蛍光X線装置に通常用いられるX線管（管球）は、フィラメント（陰極）で発生した熱電子を真空中で加速し、ターゲットの金属（陽極）に衝突させることでX線を発生させる仕組みです。X線管は、連続した波長分布の連続（白色）X線と、ターゲットの金属の種類によって異なる特性（単色）X線とを発生します。

＊ **EPMA** 本来の意味からはSEM-EDXもEPMAの一種であり、両者を区別しない場合もある。

7-5 SEM-EDXとEPMA

X線を利用する

SEM-EDXの装置

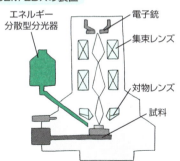

中井泉(編)『蛍光X線分析の実際』
(朝倉書店,2005)参考

SEM-EDX装置
日本電子株式会社　提供

EPMAによる電子回路のショート障害解析

反射電子像

Cl

Sn

Pb

マイグレーションを起こした部分には、はんだ成分のすず及び鉛以外に塩素の存在が認められた。　　　　　　　　　　　富士通クオリティ・ラボ株式会社　提供

X線管の構造

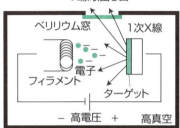

中井泉(編)『蛍光X線分析の実際』
(朝倉書店,2005)参考

第7章　X線・電子線を使う分析

7-5 SEM-EDXとEPMA

回折格子

「光を分ける道具」といえば、第一にプリズムが思い浮かびます。三角柱型のガラス製のプリズムで光を虹のように分ける実験をしたことがある人もいるでしょう。分光学の初期に使われたのはもっぱらプリズムでした。

でも現代の分光分析機器の多くには回折格子が使われています。プリズムが光を透過させて分けるのに対し、回折格子は光を反射して分けます。回折格子の外観はコンパクトディスクの記録面に似ています。見る方向によって赤や青や緑が混じりあって見える光沢のある表面です。平らなものや凹面状のものがあります。

回折格子もコンパクトディスクも等間隔に細い溝が多数刻んであります。この溝と溝の間隔がちょうど可視光線の波長付近なので、光が干渉しあって様々な色が見えるのです。タマムシなどの昆虫も、細い溝によってあのような不思議な色合いが現れます。

回折格子を製造する際に溝の間隔を変化させれば、回折される光の領域も変化します。でもX線回折の項に書いたとおり、X線はきわめて波長が短いので、人工の溝でなく天然の結晶を用いて回折させます。

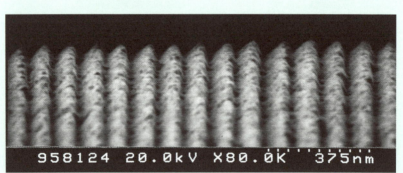
溝本数10,000本/mmの平面反射形回折格子の電子顕微鏡写真
株式会社日立ハイテクサイエンス　提供

第8章

質量分析とNMR

質量分析と核磁気共鳴（NMR）分析は有機化合物の構造推定に欠かせない分析法です。ところがこの2つ、穏やかさに関しては両極端の取り合わせ。片や分子を電子線などでたたき、片や低エネルギーの電磁波を使ってそっと構造を探ります。

8-1

質量分析① 何がわかるか

質量分析はきわめて高感度で分離分析との複合もしやすいため、水や土壌中の汚染物質、医薬品の代謝物、食品中の残留農薬、生命科学研究など、幅広い物質の分析に大活躍です。

▶▶ 分子をイオン化して真空中を飛ばす

質量分析（マススペクトロメトリー、略称 MS）ではまず試料の分子をイオン化します。このイオンは水溶液中のイオンと違って溶媒和していません。バラバラに空中に浮かんでいます。分子が丸ごとイオンになる場合と、イオン化後に割れて断片（フラグメント）になる場合があります。それらのイオンにスピードを付けて高度な真空の中を飛ばし、m/z ごとに分けて**マススペクトル**を描きます。m/z については 8-4 節で詳しく説明しますが、とりあえずイオンの質量と考えてください。イタリックで書き、「エム オーバー ジー」と読みます。

質量分析では他のスペクトロメトリーと違って光は観測しません。イオンそのものを検出します。マススペクトルの一例は中段の図のような棒グラフで、一本一本の棒が各 m/z のイオン強度に対応しています。最も強度の大きいピーク（右ページ中図では m/z 31）を**基準ピーク**または**ベースピーク**と呼びます。

▶▶ 質量分析でわかること

質量分析では、まず、分子量の手がかりが得られます。例えば、最も基本的なイオン化法である EI 法で分子イオンピーク（$M^{+\cdot}$）が観察される場合はマススペクトルのいちばん右側に現れますから、その m/z の値から分子量を推定できます。

2 番目に、フラグメントイオンのパターンから分子の構造を推定したり、既知の物質のスペクトルと照合して同定を行ったりできます。特に歴史の長い EI 法では膨大なデータベースが整備されています。米国 NIST（国立標準技術研究所）や Wiley（ワイリー）などのデータベースが広く利用されています。

3 番目に、元素の組成がわかります。その仕組みには 2 通りあり、一つは同位体比から、もう一つは精密質量の測定からです。

8-1 質量分析① 何がわかるか

質量分析を利用する

質量分析の仕組み

電子線、イオン、高速原子、レーザー等を試料に当てる　　試料がイオン化・断片化　　質量で分離

マススペクトルの例（エーテル, EI法）

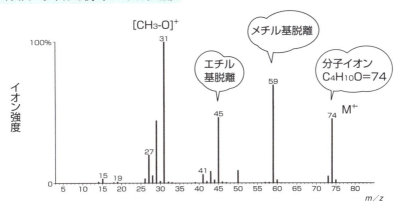

質量分析でわかること

❶ 分子量

巨大なたんぱく質の分子量もMALDIで

❷ 構造解析・同定

微量汚染物質を同定

❸ 元素・同位体組成

同位体組成からドーピング薬の起源推定も

8-2

質量分析② イオン化法

質量分析ではまず試料分子をイオン化しますが、その方法には多くの種類があります。分子を断片化する傾向が強いものほどハードなイオン化と呼ばれ、分子を壊さないものはソフトなイオン化と呼ばれます。

▶▶ 最もスタンダードなEI法・少しソフトなCI法

電子イオン化（EI）は質量分析の初期から使われているいちばんスタンダードなイオン化法です。この方法では、高真空下で試料分子に電子線を照射してイオン化します。分子の中の電子がはじき出されてプラスのイオンが生成し、それが壊れて多くのフラグメントイオンが発生します。EIより分子由来のイオンが観察されやすいのが**化学イオン化**（CI）です。イオン化室に反応ガスを導入し、まず反応ガスをイオン化してから、間接的に試料をイオン化します。

▶▶ ソフトなイオン化法──ESI・APCI・MALDI・DART

エレクトロスプレーイオン化（ESI）では、溶液にした試料を電圧をかけたキャピラリー先端からスプレーします。この液滴は電荷を帯びており、窒素気流と加熱によって溶媒を揮発させると、電荷どうしが反発しあってさらに細かく分かれ、ついには１つの分子を含むイオンになります。ESIはソフトなイオン化法の中で最もよく使われています。**大気圧化学イオン化**（APCI）は、ESIを適用しにくい極性の低い分析種に使われます。試料を加熱して気化し、コロナ放電によって大気から生成したイオンで間接的にイオン化します。

マトリックス支援レーザー脱離イオン化（MALDI）では、試料をケイ皮酸化合物などのマトリックスと混合して混晶を作り、レーザーを照射してマトリックス分子を励起し、間接的に試料をイオン化します。100万程度の大きな分子量の物質まで測定可能。2002年、田中耕一さんのノーベル賞受賞対象となったイオン化法です。**DART**[*]は近年急速に普及してきたイオン化法です。ヘリウムなどのガスの流れに放電してプラズマを発生させ、励起状態の原子・分子と大気・試料を相互作用させてイオン化します。試料をイオン化部にかざすだけで分析できます。

[*] **DART**　Direct Analysis in Real Timeの略。

8-2 質量分析② イオン化法

イオン化法の種類

エレクトロスプレーイオン化（ESI）

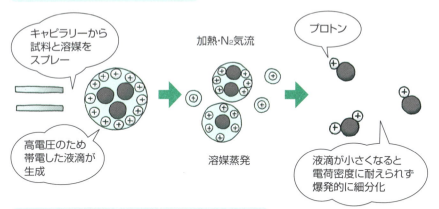

- キャピラリーから試料と溶媒をスプレー
- 高電圧のため帯電した液滴が生成
- 加熱・N₂気流
- 溶媒蒸発
- プロトン
- 液滴が小さくなると電荷密度に耐えられず爆発的に細分化

マトリックス支援レーザー脱離イオン化（MALDI）

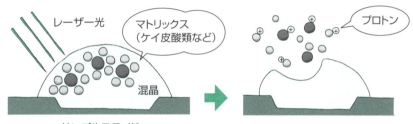

- レーザー光
- マトリックス（ケイ皮酸類など）
- 混晶
- サンプルスライド
- プロトン

DARTによる直接分析

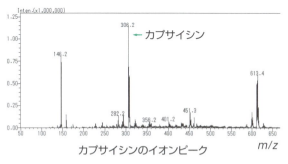

とうがらしをかざすだけで辛味成分を検出できる

カプサイシンのイオンピーク

エーエムアール株式会社　提供

8-3

質量分析③　質量分離法

イオン化した試料は質量分離部で分けられます。イオン化方式は同じ装置である程度切り替えられますが、質量分離法は装置ごとに決まっています。つまりイオンの分離方式は質量分析計の性能そのものといってよいでしょう。

▶▶ 四重極型がいちばん多い

　装置台数として最も普及しているのは**四重極型**です。平行に配置された4本の電極間に直流電圧と高周波電圧を重ね合わせてかけると、この中に入ったイオンは特定のm/zのもののみが安定に振動して四重極を通過します。このとき電圧を変化させて質量分離します。安価、小型、ダイナミックレンジ＊が広いのが特徴です。

　磁場型は質量分析の初期から使われている分離方式です。磁場の中をイオンが飛行すると、電流が流れた場合と同様の力が働きます。高校の物理で学習するフレミングの左手の法則です。質量の小さなイオンほど大きく進路が曲げられることを利用して質量分離します。電場での分離と組み合わせた二重収束質量分析計では高分解能測定（8-5項）が可能です。

　飛行時間型（**TOF**）は、イオンの飛行時間によって質量分離します。イオンを同じ電圧で加速して飛ばすと、軽いイオンほど速く、重いイオンほど遅く飛ぶことを利用します。理論上測定可能な質量に上限はありません。生命科学分野で繁用されます。

　感度が高いのは**イオントラップ型**です。様々な方式がありますが、右ページ中段右図には三次元イオントラップを示しました。電極間に高周波電圧がかけられ、その中ではイオンが安定に振動してトラップされます。低い電圧から徐々に高くしていくとm/zの小さなものから順にイオントラップの外へ出てくるのでマススペクトルが描けます。

▶▶ 複数の質量分離部を組み合わせた装置も

　2回以上の質量分析を行う装置を**タンデム質量分析計**と呼びます。また、異なる種類の分離方式を組み合わせた**ハイブリッド質量分析計**も増加してきました。四重極型と飛行時間型を組み合わせたQTOF-MSと呼ばれる装置などがあります。

＊ダイナミックレンジ　直線的な応答が得られる範囲。

8-3 質量分析③ 質量分離法

質量分離法の種類

各種質量分離法のしくみ

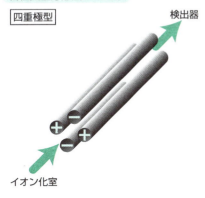

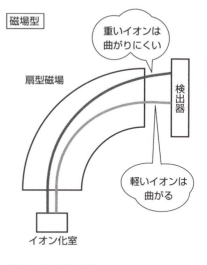

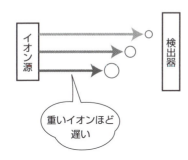

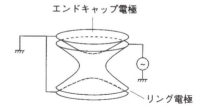

志田保夫 他
『これならわかるマススペクトロメトリー』
(化学同人, 2001)より

質量分離法の特徴

名称	測定質量範囲	分解能	用途の例
四重極型	狭い	低い	ガスクロマトグラフの検出器
磁場型	広い	高い	ダイオキシン分析
飛行時間型	極めて広い	高い	たんぱく質や糖の分析
イオントラップ型	機種による	機種による	液体クロマトグラフの検出器

8-4

質量分析④　質量の単位と同位体

さて、ここまで詳しく説明せずに使ってきたm/zとは何でしょうか。これはマススペクトルの横軸となる基本中の基本のものですが、現在のところ単語では置き換えられないのです。

▶▶ m/zに単位はない

m/zは「イオンの質量を統一原子質量単位で割り、さらにイオンの電荷数で割って得られる無次元量」と定義されています。従来m/zと同じ意味で「質量電荷比」という言葉が使われてきましたが、これは正確でないとして非推奨になりました。というのは、「電荷」は電気量（単位：クーロン）であるのに対して、zが意味しているのはイオンの価数を表す整数（無次元）だからです。

統一原子質量単位とは、中性子数が6個の静止状態の炭素原子^{12}Cの質量の12分の1、約1.66×10^{-24} gです。記号はuまたはDa（ダルトン）です。

質量分析では、イオンは質量ではなくm/zごとに検出されます。例えば磁場型の質量分離部の場合、2価のイオンは1価のイオンの2倍の力を磁界から受けて進路がより大きく曲げられるため、質量が半分のイオンと同じ挙動になるという具合です。といっても質量分析で対象とするイオンの価数*は1である場合が多く、このときm/zの数値は、統一原子質量単位で表したイオンの質量の数値と同じになります。

▶▶ 同位体比からわかること

原子の質量を統一原子質量単位で表すと、各原子に含まれる陽子と中性子の個数を合わせたもの（質量数、必ず整数）に近くなります（ただし^{12}Cの質量はぴったり12 Da）。ほとんどの元素は原子番号が同じで質量数が違う原子（**同位体**）の混合物です。同位体どうしは化学的な性質が同じですが、質量分析では識別できます。

原子量は天然に存在する同位体の平均値から求めますが、原子の質量は特定の同位体1個の質量をさします。例えば塩素は質量約35 Daの同位体^{35}Clが75％、約37 Daの同位体^{37}Clが25％存在しているので、原子量は約35.5です。

塩素と臭素の同位体比は特徴的なので、マススペクトルのパターンから一目でわかります。右ページ下図は塩素原子を1個含むクロロメタン（CH_3Cl）のスペクトルです。

＊**イオンの価数**　ESIでは多価イオンが生成しやすい。

8-4 質量分析④ 質量の単位と同位体

　同位体の比は同じ元素でも化合物の起源（産地や原料など）によってわずかに異なる場合があり、この違いを測定する**同位体比質量分析**（IR-MS）によって物質の起源推定が行われています。例えばスポーツ選手の尿から検出されたホルモンが人体由来のものか合成品かを識別し、ドーピングの有無を判定するために利用されます。

同位体

元素の原子量と同位体の天然存在比の例

元素名	原子量	M		M+1		M+2	
		同位体	存在比(%)	同位体	存在比(%)	同位体	存在比(%)
水素	1.01*	^{1}H	99.9885	^{2}H	0.0115		
炭素	12.01*	^{12}C	98.93	^{13}C	1.07		
窒素	14.01*	^{14}N	99.636	^{15}N	0.364		
酸素	16.00*	^{16}O	99.757	^{17}O	0.038	^{18}O	0.205
ふっ素	19.00	^{19}F	100				
塩素	35.446 – 35.457**	^{35}Cl	75.76			^{37}Cl	24.24
臭素	79.901 – 79.907**	^{79}Br	50.69			^{81}Br	49.31

（塩素や臭素は同位体比が特殊）

国立天文台編『理科年表　平成28年』（丸善、2015）より
*ある範囲で示されているが小数点以下3桁を四捨五入した。
**四捨五入で小数点以下2桁の単一の数値にできないため範囲のまま示した。

クロロメタンのマススペクトル（分子イオンピーク付近）

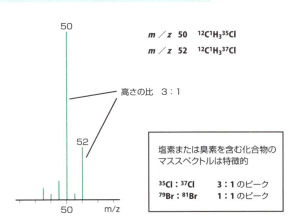

m/z 50　^{12}C^{1}H$_3$^{35}Cl
m/z 52　^{12}C^{1}H$_3$^{37}Cl

高さの比　3：1

塩素または臭素を含む化合物のマススペクトルは特徴的

^{35}Cl : ^{37}Cl　3：1のピーク
^{79}Br : ^{81}Br　1：1のピーク

8-5

質量分析⑤　精密質量の測定

原子・分子・イオンの質量をDaまたはuで表すと整数に近い数字になりますが、わずかにずれています。高分解能質量分析は、この小さな違いを検出します。

▶▶ 整数質量と精密質量

　1Daは1.6605×10^{-24}g、陽子1個の質量は1.6726×10^{-24}g、中性子1個の質量は1.6749×10^{-24}g、これらはとても近い値ですが少しずつ違います。

　右ページ上表にいろいろな核種の質量をまとめました。^{12}C以外は全部端数があります。よく見ると質量数の大きなものほど質量が小さい方向へずれているのに気づくでしょう。これは陽子と中性子が原子核を構成するとき、質量がわずかに減るためです（**質量欠損**）。核内にある陽子と中性子の個数が大きいほど質量欠損は大きくなります。

　分子を構成する原子の質量数を合計したものを**整数質量**と呼びます。整数質量までの測定を行う質量分析を**低分解能質量分析**、これに対しておおむね小数点第3位以下まで測定する分析を**高分解能質量分析**といいます。

▶▶ 高分解能質量分析でわかること

　高分解能質量分析はどのように役立つのでしょう。まず、精密質量から元素の組成がわかります。例えば一酸化炭素（CO）、窒素（N_2）、エチレン（C_2H_4）はどれも整数質量が28Daですが、精密質量は0.011～0.036Daの違いがあります。この違いを測定することで元素組成を知ることができます。

　水素・炭素・窒素にはそれぞれ複数の安定同位体が存在するため、天然のCO、N_2、C_2H_4は整数質量が28Daのもの以外に29～34Daのものも存在します。最も存在量が多い同位体の組み合わせから成る分子の質量（この場合は約28Da）を**モノアイソトピック質量**＊と呼びます。なお、原子の質量を足し合わせて求めた質量を**計算精密質量**、測定で得られた質量を**測定精密質量**といいます。

　高分解能質量分析の別の利用法として、微量物質を高感度に測定するとき、同じ整数質量を持つ妨害物質の影響を除くことができます。ダイオキシン分析ではこの目的で高分解能測定が行われています。

＊**モノアイソトピック質量**　これを整数で表したものをノミナル質量という。

8-5 質量分析⑤ 精密質量の測定

精密質量のあつかい

主な核種の精密質量

同位体	質量数	質量(Da)
^{1}H	1	1.007825
^{2}H	2	2.014102
^{12}C	12	12
^{13}C	13	13.003355
^{14}N	14	14.003074
^{15}N	15	15.000109
^{16}O	16	15.994915

同位体	質量数	質量(Da)
^{17}O	17	16.999132
^{18}O	18	17.999160
^{19}F	19	18.998403
^{35}Cl	35	34.968853
^{37}Cl	37	36.965903
^{79}Br	79	78.918338
^{81}Br	81	80.916290

国立天文台編『理科年表 平成28年版』(丸善、2015)より小数点以下7桁めを四捨五入

飛灰中のダイオキシン類分析例と二重収束磁場型質量分析計

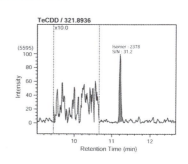

日本電子株式会社 提供

分子量・整数質量・精密質量の違い(分子の場合)

名称	意味	整数か小数か	対象	単位	主な用途
分子量 (相対分子質量)	分子の相対質量 (1 molの分子の質量(g)と同じ数字)	小数	不定	なし	物質量の計算など
整数質量	整数で表した分子の質量	整数	1個の分子	u Da	低分解能マススペクトルの解読
精密質量	分子の精密な質量	小数	1個の分子	u Da	高分解能マススペクトルの解読

8-6

ICP-MS

誘導結合プラズマ質量分析（ICP-MS）はイオン化法として誘導結合プラズマを利用する質量分析です。ここまで解説してきた質量分析は主として有機化合物を対象とするものですが、ICP-MSは主に無機元素を対象とします。

▶▶ イオン化法はICP-AESと共通

ICP-MSはICP発光分析（ICP-AES）と同じ誘導結合プラズマを使ってイオン化する質量分析法で、ICP-AESと同様に多種類の元素を同時に定性・定量できます。分析対象物質や試料の前処理法もほとんどICP-AESと共通しています。P.121の図から、ICP-MSが無機元素分析装置の中で最も高感度であることがわかります。また、ICP-MSはICP-AESよりダイナミックレンジが大きいことも特徴です。

無機元素分析に利用される装置の価格はフレームAAS＜電気加熱AAS＜ICP-AES＜ICP-MSの順であり、ICP-MSは最も高額な装置です。しかし高感度で多元素同時分析ができることから、特に半導体関連産業で高純度物質の品質管理に活用されています。また、環境分野における普及も進んでいます。質量分離部は四重極型のものが多く、二重収束型など高分解能のものやタンデム型のものも利用されます。高感度であるゆえに極微量のコンタミも問題になりやすく、注意が必要です。

▶▶ スペクトル干渉

ICP-AESでは近い波長の光が**スペクトル干渉**を起こして問題になりますが、ICP-MSでも、観測対象イオンと同じm/zのイオンがスペクトル干渉を起こします。特に頻度が高いのは、プラズマ発生ガスであるアルゴンから生じるイオンによる干渉です。例えば硝酸水溶液試料では^{55}Mnと^{40}Ar^{14}NH、また^{56}Feと^{40}Ar^{16}Oが同じm/zの値となります。環境試料中に存在する^{40}Ca^{16}Oも^{56}Feと同じm/zです。

スペクトル干渉の回避法として、**コリジョン・リアクションセル**を搭載した装置もあります。これは質量分離部の手前のオクタポールなど（メーカーによって違う）の中で試料にヘリウムガスを衝突させて干渉イオンを壊したり（コリジョン）、水素ガスなどと反応させて（リアクション）中性化したりするものです。

8-6 ICP-MS

ICP-MSを利用する

ICP-MSの構成例

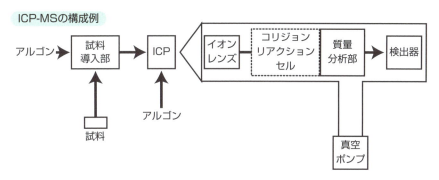

ICP-MSによる同位体比分析

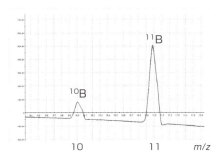

ほう素のマススペクトル

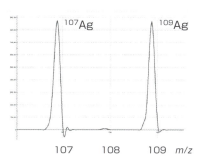

銀のマススペクトル

二重収束型ICP質量分析装置による多元素同時分析例。B（200 µg/L）、Cu、Sr、Ag、Pb（各20 µg/L）の混合溶液の10回繰返し測定は30秒×10（5分）で完了し、同位体比の測定値の相対標準偏差は、ほう素10/11は0.104 %、銀107/109は0.082 %であった。

株式会社日立ハイテクサイエンス
SPECTRO Analytical Instruments GmbH　提供

8-7

核磁気共鳴分光

　核磁気共鳴（NMR）分光法は、きわめて強い磁場ときわめて低いエネルギーの電磁波を利用する分析法です。強い磁場で原子核スピンの配向をそろえ、テレビやラジオの電波程度の低エネルギーの電磁波を照射すると、分子の構造が見えてきます。

▶▶ 小さな磁石のようにふるまう原子核

　原子核の中で質量数または原子番号のどちらかが奇数のものは**磁気モーメント**を持ち、磁石のようにふるまいます。^{1}H、^{13}C、^{14}N、^{31}Pは磁気モーメントを持ちます。質量数も原子番号も偶数である^{12}C、^{16}O、^{32}Sは磁気モーメントを持ちません。

　磁場の中で原子核は決まった数の**配向**をとります。配向の数は^{1}Hと^{13}Cの場合どちらも2です。この配向が磁場と同方向の原子核は安定で、逆方向のものは少しだけ不安定です。したがって、同方向の配向を持つ原子核のほうが逆方向のものより少しだけ多くなります。

　「少しだけ」というのは、このエネルギー差はあまり大きくなくて、実際のところ同方向の配向が多いといってもその差は^{1}Hの場合で10万個に数個程度だからです。このエネルギー差に相当する電磁波が照射されると、原子核はエネルギーを吸収して不安定なものが増え（**NMR現象**）、安定と不安定が同数になります。この状態を**飽和**といいます。逆に、エネルギーが与えられなくなって元の状態（熱平衡状態）に戻ることを**緩和**といい、このとき^{1}Hはエネルギーを放出するので、これがNMR信号として検出されます。

　熱平衡状態と飽和状態の間で起こる10万個に数個の割合の増減を検出するのですから、NMRは感度の低い分析法です。しかし、原子核の置かれた微妙な状態の変化にも影響を受けやすく、詳細な情報が得られます。

▶▶ 主に利用されるのは^{1}H-NMRと^{13}C-NMR

　磁気モーメントを持つ原子核の中でよくNMR測定されるのは^{1}H（プロトン）と^{13}Cです。^{1}Hは天然存在比が99.99%でNMRの感度が高いため、早くから普及しました。それに対して^{13}Cの存在比は約1%で、しかも磁気の性質も感度に不利な

8-7 核磁気共鳴分光

ため、遅れて利用されるようになりました。^{13}C-NMRの相対感度は^{1}H-NMRの約1/5800です。

NMR装置は400MHz、600MHzなど周波数で呼ばれます。周波数は^{1}H-NMR測定に用いる周波数に対応しており、数字が大きいほど強い磁場を持つ装置で、感度も分解能も高くなります。

磁気と原子

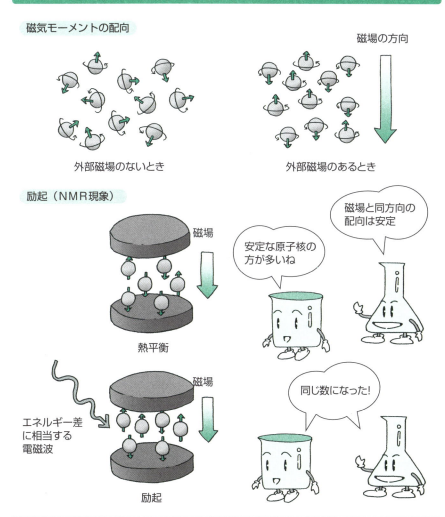

NMRスペクトルからわかること

　右ページ上図は最も基本的な一次元 ^{1}H-NMRスペクトル（酢酸エチル）です。3グループのピークA、B、Cはそれぞれ—CH_2—、CH_3CO—、CH_3—の ^{1}Hに対応した信号です。同じ炭素原子に結合した ^{1}Hは等価なので同じ信号になります。^{1}Hのまわりの電子が磁場を作って外部磁場に加わったり逆に弱めたりするため、信号の位置は ^{1}Hの置かれている状況によって変化します（**化学シフト**）。どのような基がどの範囲の化学シフトを示すかはよく研究されています。

　エチル基のCH_3—の信号（C）は3つに、—CH_2—の信号（A）は4つに分裂しています。これは**スピン-スピン相互作用**によるものです。CH_3—の信号は隣の—CH_2—の ^{1}Hの個数2個より1つ多い3つに、—CH_2—の信号は隣のCH_3—の ^{1}Hの個数3個より1つ多い4つに分裂します。CH_3CO—の信号（B）は隣の—CO—に ^{1}Hが付いていないため分裂しません。これで各 ^{1}Hの関係がわかります。以上の情報を利用して各信号を構造式の中の ^{1}Hに**帰属**します。

　右ページ下図は酢酸エチルの一次元 ^{13}C-NMRスペクトルです。こちらの4本のピークはそれぞれ1個の ^{13}Cに対応しており、解析して ^{1}Hと同様に帰属します。通常、信号の分裂は観測されない条件で測定します。

　複雑な構造の物質では ^{1}H-NMRスペクトルと ^{13}C-MMRスペクトルを組み合わせた**二次元NMRスペクトル**も使って解析します。代表的なものを下表にまとめました。

NMRの応用

　NMRは有機合成や天然物化学、生命科学の分野で構造解析に必須の方法です。また、医療用のMRIはNMRを利用する診断装置です。装置が非常に高額、超伝導磁石の維持に液体窒素や液体ヘリウムが必要でコストがかかる、感度が低いなどの難点がありますが、近年は定量にも利用されます。

二次元NMRスペクトル（^{1}Hと ^{13}Cの場合）

略称	英語名称	X軸	Y軸	どんな関係がわかるか
COSY	COrrelation SpectroscopY	^{1}H化学シフト	^{1}H化学シフト	隣接する原子に結合している ^{1}H
HMQC	Heteronuclear Multiple Quantum Correlation	^{1}H化学シフト	^{13}C化学シフト	直接結合している ^{1}Hと ^{13}C
HMBC	Heteronuclear Multiple Bond Correlation	^{1}H化学シフト	^{1}H化学シフト	2～3結合離れている ^{1}Hと ^{13}C

8-7 核磁気共鳴分光

NMRで見えてくるもの

酢酸エチルの¹H-NMRスペクトル（独立行政法人産業技術総合研究所　SDBSより）

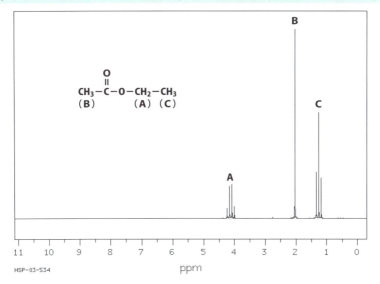

酢酸エチルの¹³C-NMRスペクトル（独立行政法人産業技術総合研究所　SDBSより）

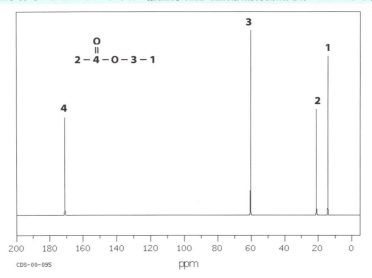

8-7 核磁気共鳴分光

COLUMN PM₂.₅の分析

「ぴーえむ　にーてんご」この言葉はすっかり耳になじんできました。日本では従来、浮遊粒子状物質として大気中の10 μm以下の粒子に対して環境基準が設けられてきましたが、2009年9月に2.5 μm以下のもの、すなわちPM₂.₅の環境基準が新たに定められました。10 μm付近の粒径の粒子状物質は主に砂など自然起源で、2.5 μm以下のものは主に人為起源であるといわれます。また、2.5 μm以下の粒子は鼻やのどの粘膜で止まらずに肺胞の中まで侵入するために健康に対する影響が大きいことも明らかになってきています。

PM₂.₅の大気中濃度は、定められた孔径のフィルターで捕集して質量をはかることにより測定します。粒子の微細な構造を観察した結果では、二酸化硫黄から生成する硫酸塩の周囲を有機物が覆っており、黒色炭素（すす）または土壌粒子を含むものもあるとのことです。環境省はPM₂.₅に含まれる成分である無機元素や多環芳香族炭化水素などの測定マニュアルを公開しています。測定項目の一つとしてレボグルコサンがあります。これは植物が燃焼した際に発生する物質で、含有状況がわかれば発生源の解明につながります。誘導体化してGC/MSにより分析します。

レボグルコサンの構造式

第9章

分離分析

各種スペクトル分析法の発展にはめざましいものがありますが、やはり混合物が相手となると簡単には行かないものです。この章では分離と検出を同時に行う分析法を扱います。検出法として質量分析を組み合わせるGC/MSやLC/MSは、特に強力な定性能力を発揮します。

9-1 クロマトグラフィーの基礎

クロマトグラフィーを使えば、ほんの少しだけ性質の違う物質を見事に分けることができます。しかも検出器と直結して分離と定性・定量を同時に行えます。環境、医薬品、食品、化学工業、法化学など幅広い分野で活用される手法です。

▶▶ 100年の歴史がある分析法

画用紙に万年筆や水性ペンで描いた線が水に濡れると、にじんでインクが広がります。このとき、例えばもとのインクの色が緑でも青色と黄色に分かれることがあります。色素の種類によって紙の上を移動するスピードが違うためです。

インクの例のように、**固定相**（画用紙）に接して流れる**移動相**（水）に試料（インク）を導入して、固定相と移動相に対する成分の特性の差によって分離を行う方法を**クロマトグラフィー**と呼びます。分析種どうしまたは分析種ときょう雑成分との分離を目的として、主に有機化合物の分析に利用されています。現在主流の**ガスクロマトグラフィー**と**液体クロマトグラフィー**では、移動相はそれぞれ気体または液体です。固定相は**カラム**と呼ばれる管状の容器の内部にあります。

▶▶ クロマトグラフィーのデータ＝クロマトグラム

カラム内に導入されて移動した物質は、出口に置かれた検出器に着いたものから順に電気信号を発生させます。これを連続して記録すると山が並んだ形になります。この図を**クロマトグラム**と呼びます。また、装置を**クロマトグラフ**と呼びます。

クロマトグラムの横軸は試料注入後の時間、縦軸は検出した信号の強さです。山のような形を**ピーク**と呼びます。試料注入からピークが頂点に達するまでの時間を**保持時間**（**リテンションタイム**、t_R）といいます。保持時間はクロマトグラフィーの条件が一定なら物質によって決まった値になりますから、これを標準品の保持時間と比較して定性します。

ピークの出ていない水平な部分は**ベースライン**です。ピークの前後のベースラインを結んでピークの高さや面積を求めます。高さや面積は物質の濃度に応じて増減するため、これらを使って定量します。

9-1 クロマトグラフィーの基礎

クロマトグラフィーとは

クロマトグラフィーの仕組み

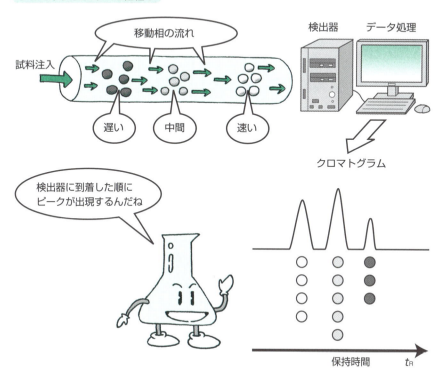

クロマト＊＊の使い分け

クロマトグラフィー

分析法そのもの

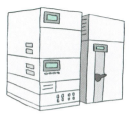

クロマトグラフ

装置

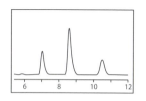

クロマトグラム

クロマトグラフィーで得られる図

第9章 分離分析

9-1 クロマトグラフィーの基礎

定量の際、ピーク面積や高さの変動を補正するために**内標準物質**を加える方法を**内標準法**といいます。内標準物質としては、分析種と化学的な性質が類似していて保持時間が近いもの、または分析種の重水素置換体など（MSの場合）を選びます。内標準物質を用いない定量法を**絶対検量線法**または**外標準法**と呼びます。

▶▶ カラムの分離能

クロマトグラフの心臓部はカラムです。カラムと移動相の組み合わせには様々な種類があり、分析するものの性質や分析目的に合わせて使い分けます。例えば、ある組み合わせ（系）で分けられない物質が別の系で分けられることがよくあります。

物質をより細かく分離できるほど性能のよいカラムになります。この性能を表すには**理論段数** N という指標がよく使われます。理論段とは、カラムを等間隔に輪切りして、その一つひとつで分配（2-7項）が行われると考える仮想的なものです。同じ長さのカラムなら理論段数が大きいほど性能がよいことになります。

そんな仮想的な段数をどうやって数えるのか気になりますが、ここでは詳しく書きません。結論だけいうと、理論段数は次の式を使ってクロマトグラムから簡単に求めることができます。ほとんどの装置で理論段数は自動計算できます。

$$N = 5.545 \left(\frac{t_R}{w_{1/2}} \right)^2$$

N：理論段数　t_R：保持時間　$w_{1/2}$：半値幅

理論段数はカラムを購入するときや劣化を判断するときの目安になります。

また、カラムの長さを理論段数で割ったものは**理論段高さ**と呼ばれ、これはカラムの長さと無関係に充てん剤や分離系そのものを評価する指標になります。

▶▶ クロマトグラムの異常

クロマトグラムのピークは正常なら右ページ下図左のように左右対称のガウス分布になります。対称形がくずれて後ろが尾を引いた形は**テーリング**、前半の幅が大きい形は**リーディング**と呼ばれます。テーリングやリーディングはピークの分離を不良にする原因になり、また定量性も損ねますから、これらが起こった場合は試料の注入量を減らす、カラムを交換するなどの対処をします。

9-1 クロマトグラフィーの基礎

データの見方

クロマトグラムの見かた

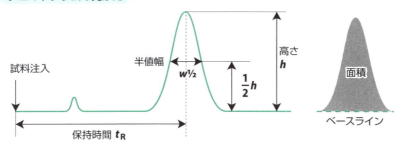

理論段数と理論段高さ（実際には存在しない概念的なもの）

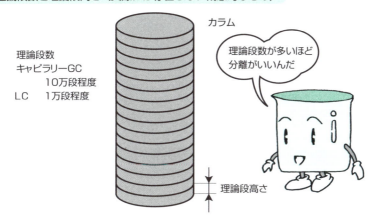

理論段数
キャピラリーGC
　　　　10万段程度
LC　　1万段程度

理論段数が多いほど分離がいいんだ

ピークの形状

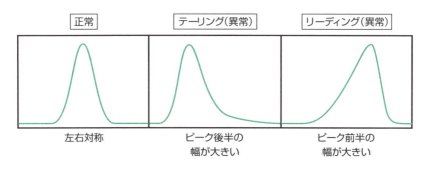

9-2

GC① ガスクロマトグラフィーの基本

ガスクロマトグラフィー（GC）では、ガス状物質または気化する物質が分析できます。現在主流のキャピラリーGCには、100以上の成分を一斉に分離する能力があります。

▶▶ キャピラリーカラムとパックドカラム

　GCでは移動相として気体（**キャリヤーガス**）を使います。よく使われるのはヘリウム、窒素、水素です。GCのカラムの中で内径約1mm以下のものは**キャピラリーカラム**と呼ばれます。キャピラリーカラムは長さ10〜60m程度のガラス製のものがよく使われます。ガラスといっても表面にポリイミド樹脂がコーティングされているためしなやかで、コイル状に巻かれています。ほとんどのキャピラリーカラムの内部は中空で、内壁にポリジメチルシロキサンなどの液相（厚さ0.1〜1 μm程度）がコーティングされています。

　内部にシリカなどの充てん剤が詰められているカラムは**パックドカラム**と呼ばれます。ガラスまたはステンレス製で、長さ1〜3m、内径2〜3mm程度のものがよく使われます。充てん剤のシリカには、多くの場合、液相がコーティングされています。

▶▶ 気相と液相の間で分配を繰り返して分離

　キャピラリーカラムでもパックドカラムでも、注入口から導入された試料は気相と液相の間で分配を繰り返しながらカラム内を進み、移動の速いものから順に出口で検出されます。溶出の順序は、同じシリーズの化合物であれば沸点の低いものからになります。また、極性の官能基がある物質は遅く溶出します。分離能に優れるキャピラリーカラムが汎用されますが、パックドカラムもガス分析に向く、メンテナンスが簡単などの特徴があるため、目的に応じて使われています。

　キャピラリーカラムは液相の種類によって無極性、微極性、中極性、高極性に大きく分けられます。一般に、極性の低い石油成分などには無極性カラム、極性を持つ化合物にはより極性の高いカラムを使用します。

　新品のカラムの使用前にキャリヤーガスを流しながら徐々に高温にして安定化させる操作を**コンディショニング**＊と呼びます。

＊コンディショニング　エージングとも呼ばれるがJIS K 0214:2013では非推奨。

9-2 GC① ガスクロマトグラフィーの基本

ガスクロマトグラフィー

キャピラリーカラムとパックドカラム

キャピラリーカラム

パックドカラム

アジレント・テクノロジー株式会社　提供

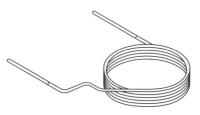

株式会社島津製作所　提供

よく使われる液相の化学構造

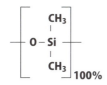

無極性
（ジメチルシロキサン 100％）

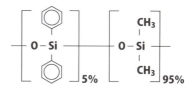

微極性
（ジフェニルシロキサン 5％
＋ジメチルシロキサン 95％）

キャピラリーGCによるクロマトグラム例（ペパーミント油）

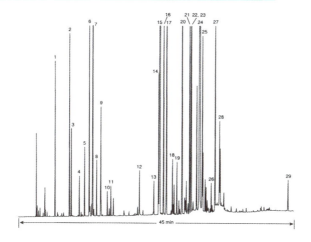

アジレント・テクノロジー株式会社　提供

9-3

GC② 注入口

　GCで最も難しいのは注入方法です。理想的には、すべての分析対象成分を気化して安定した比率でカラムへ導入できる注入方法が望まれます。しかし実際には一筋縄で行きません。

▶▶ 試料を気化してカラムへ導入

　GCで分析する試料は、適当な有機溶媒に溶解してマイクロシリンジで装置に導入します。最近は自動注入装置付きのGCが多くなっています。

　全量導入法はパックカラムや内径0.53mm以上のキャピラリーカラムに適用される方法で、注入量は1～5 μL程度です。しかし内径0.32mm以下のキャピラリーカラムではこの方式は使えません。注入口ライナー（インサート）の容積は0.5mL程度あります。そしてキャピラリーカラム内を流れるガスの流速は毎分1mLほど。全部カラムに入るまでに30秒もかかってしまい、シャープな分離*ができなくなります。

　この問題を解決するため、**スプリット法**が使われます。この方法では全量導入法と同じように試料溶液を1 μL程度注入しますが、気化した試料溶液のほとんどをスプリットベントから捨て、20分の1から200分の1だけカラムへ送り込みます。

▶▶ 試料を捨てないスプリットレス注入

　試料のほとんどを捨てるのは感度低下を招くので、微量成分の分析には**スプリットレス法**が使われます。

　スプリットレス注入口はたいていスプリット注入口と兼用です。違いは、注入時にスプリットベントが閉じていてガスの流れがすべてカラムに向かうことです。それだけでは前述のとおり分離が悪くなってしまいますが、カラムの温度に秘密があります。初期にはカラムオーブンが試料溶媒の沸点より20～30℃低く設定されていて、カラムに入った気化物は再び凝縮して入り口付近に滞留します。1～2分経過後にスプリットベントが開いて残りの溶媒を排出すると共にオーブンを昇温すると、入り口付近に濃縮されていた試料成分が移動を始め、良好に分離されます。スプ

*****シャープな分離**　パックカラムの流速は毎分5mL程度であり分離能も低いため注入口での広がりが問題にならない。

9-3 GC② 注入口

リット注入のように試料を捨てない*ので感度が低下しません。多くのGC装置でスプリット/スプリットレス注入口が標準装備されており、必要に応じてライナーを交換して使用します。

注入口へ

試料液注入に用いるマイクロシリンジ

東京硝子器械株式会社　提供

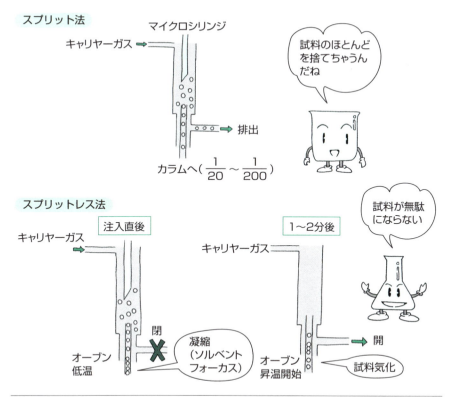

＊**試料を捨てない**　実際には全量入るわけではなく2〜3％の損失があるといわれる。

9-4

GC③　検出器と誘導体化

GCの検出器には汎用型のものと特定の元素を検出するものとがあり、分析目的に応じて使い分けます。誘導体化は分析種をGCに適した形に変える手法です。

▶▶ 検出したい物質に応じて検出器を選択

　GCで分離した物質の検出法は、代表的なものだけでもいくつかあります。幅広い物質を検出できるのはTCDとFIDです。これらの他に、表にまとめたとおり特定の元素を含む化合物に応答する検出器があります。GCの検出器＊は購入前に選択し、取り付けられた状態で納入されます。

　GCを稼動するにはキャリヤーガスが必要ですが、検出器によってはさらに別のガスが必要です。例えばFIDとFPDでは燃焼ガス（水素と空気）が必要です。また、キャピラリーGCの場合、多くの検出器で**メイクアップガス**が必要です。メイクアップガスとは、検出器のセル内へキャピラリーカラムからのガスの流れに加えてヘリウムや窒素などのガスを流すことです。分析対象成分がすばやくセル内に入って排出されるため、検出器の応答が敏速になり、また安定します。

　スプリット注入では試料溶液を全部カラムに入れずに20分の1から200分の1を導入して残りは捨てるのでしたね。注入時には多すぎたのに、出口では逆に流量が少なすぎるためガスを足すのです。キャピラリーカラムはそこまで微小な物質でなければ使えない分離技術であり、だからこそ高い分離能を持つのだといえます。ただし後ろの項で説明するGC/MSは例外で、メイクアップガスも燃焼ガスも必要ありません。

▶▶ 誘導体化を使えば分析できる物質が増える

　誘導体化は、試料を気化しやすくする、カラム内での吸着をなくしてピーク形状を改善する、感度を向上させるなどの目的で行われます。アミノ基、カルボキシル基、水酸基などの極性基を持つ構造の化合物は気化しにくく分析が困難です。誘導体化では、適当な基を導入して極性基をふさぎます。よく使われるのはトリフルオロアセチル化（TFA化）、トリメチルシリル化（TMS化）、アセチル化などです。

＊**検出器**　FPDでは検出する元素によってフィルターを交換する。

9-4 GC③ 検出器と誘導体化

検出器のいろいろ

FIDの仕組み

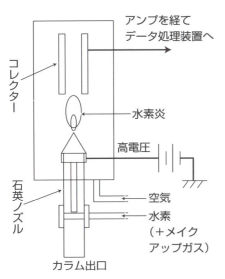

TIDの仕組み（一例）

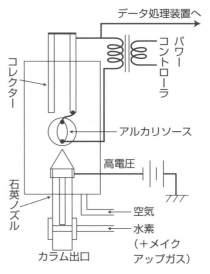

① 有機物が水素炎中で燃焼
② そのうち数ppmがイオン化
③ イオンがコレクターに捕集され電気信号に

① アルカリソース(ルビジウム塩)を付着させた白金コイルに電流を流して加熱
② アルカリソースのまわりにプラズマ状の雰囲気ができる
③ 生成したルビジウムラジカルにより有機窒素及び有機りん化合物がイオン化
④ イオンがコレクターに捕集され電気信号に

日本分析化学会ガスクロマトグラフィー研究懇談会 編、保母敏行・古野正浩 監修
『ガスクロ自由自在Q&A 分離・検出編』(丸善、2007)参考

よく用いられる検出器

略称	名称	対象化合物	必要なガス
TCD	熱伝導度検出器	汎用	（参照用キャリヤーガス）
FID	水素炎イオン化検出器	有機化合物全般	H_2・空気・MUG
TID*	熱イオン化検出器	窒素・りん	H_2・空気・MUG
FPD	炎光光度検出器	りん・硫黄・すず	H_2・空気・MUG
ECD	電子捕獲検出器	ハロゲン・ニトロ基	MUG（窒素）

MUG：メイクアップガス（キャピラリーカラムの場合）

＊ TID　NPD、FTDともいう。

9-5
GC/MS

　ガスクロマトグラフィー（GC）と質量分析（MS）を組み合わせた分析法がガスクロマトグラフィー質量分析（GC/MS）です。分離能力に優れるGCと定性能力に優れるMSのコンビネーションが絶妙で、広く普及しています。

▶▶ ガスで分けるGCと真空でイオン化するMSを接続

　8章で解説したとおり、質量分析計は分子をイオン化して真空中を飛ばすものです。イオン化は真空中の場合も大気圧下の場合もありますが、GC/MSで使われるEI法とCI法はいずれも真空でのイオン化法です。いっぽう、GCはキャリヤーガスを使いますから、イオン化するときにはガスを除かなければなりません。

　パックドカラムや内径の大きいキャピラリーカラムの場合は、**セパレーター**を使ってキャリヤーガスを除きます。内径の小さいキャピラリーカラムの場合は流れるガスと試料の量が非常に少なく（1mL/min程度）質量分析計のポンプの排気能力で十分真空を維持できるため、セパレーターなしでイオン源に接続できます。

　略称について、日本国内ではJIS及び日本質量分析学会などが
GC/MS：ガスクロマトグラフィー質量分析（分析法）
GC-MS：ガスクロマトグラフ質量分析計（装置）
という使い分けを定めています。

　いっぽう、IUPACの2013年の勧告ではGC/MSとGC-MSを分析法・装置のどちらの意味で用いてもよいとしています。いずれの場合も、略語を最初に使う箇所で正式名称を書く必要があります。

▶▶ 1回の分析で1万枚以上のマススペクトルを採取

　GC/MSの測定モードには全イオン検出（TIM、スキャン*型測定ともいう）と選択イオン検出（SIM）があります。TIMではあるm/zの範囲のマススペクトルを繰り返し取得するのに対し、SIMでは特定のm/zのイオンのみ検出します。TIMのデータ量*は膨大です。例えば0.1秒に1枚のマススペクトルを描く設定の場合、20分の分析で12000枚ものスペクトルが得られます。

＊**スキャン**　TOF-MSのように磁場や電場を変化させない質量分析計では「スキャン」の語は用いない。
＊**データ量**　実際には装置の負担を減らすため最初の数分間イオン源のフィラメントをオフにする場合が多い。

組み合わせて作られた装備

ガスクロマトグラフ質量分析計

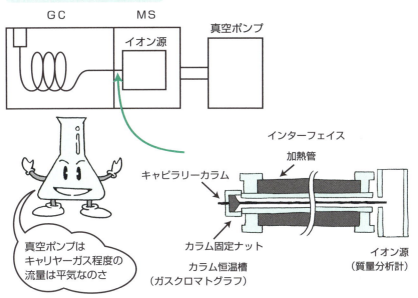

全イオン検出法で得られるデータ

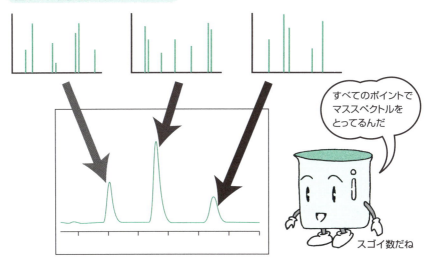

9-5 GC/MS

　検出したイオンすべての強度の合計値をクロマトグラムにしたものを**全イオン電流クロマトグラム**（**TICC**）と呼びます。TIM測定の大きな目的は物質の同定ですから、TICC上の目的物質ピークのマススペクトルを表示して標準品のスペクトルと比較します。この際、カラムから溶出するバックグラウンドのスペクトルを減算する操作を行います。

　きょう雑成分が多く一見して目的のピークが見付けられない場合、**抽出イオンクロマトグラム**を描きます。これは特定のm/zの信号のみを抽出してクロマトグラムにするものです。

▶▶ ライブラリーサーチ

　TIMで得たスペクトルは、**ライブラリーサーチ**によって既知の化合物のスペクトルから一致するものを探すことができます。GC/MSで最もよく使われるイオン化モードであるEIは、ライブラリーデータが充実しています。標準的にイオン化エネルギー70eVでのデータが採用されており、装置によらずスペクトルはかなり再現性があります。広く利用されている米国NIST（国立標準技術研究所）のデータベースには、現在約24万化合物のスペクトルが登録されています。

▶▶ SIM測定は高感度で定量に向く

　TIMに対して、特定のm/zをモニターする**選択イオン検出**（**SIM**）は2桁程度高い感度が得られ、主に定量に用いられます。SIMを行うには、まず既知データやTIMの結果からどのm/zをモニターするか決めます。一つの化合物について2〜3のm/zをモニターする場合が多く、また、保持時間で区切ってモニターイオンを変更して多成分を検出することも可能です。データ処理は、通常のクロマトグラムの処理と同様にピーク検出・面積計算などを行います。

▶▶ GC/MS/MSの普及

　近年、質量分離した特定のイオンをさらに壊してマススペクトルを取得するGC/MS/MSが可能な装置を発売するメーカーが増えました。食品中の残留農薬基準のポジティブリスト制など、妨害物質の多い試料から多成分を検出する目的に適しています。MS/MSについては9-9項で述べます。

9-5 GC/MS

クロマトグラム

バックグラウンドピークの減算

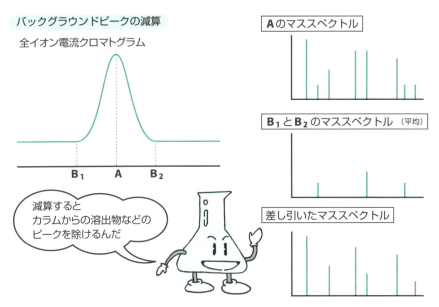

減算すると
カラムからの溶出物などの
ピークを除けるんだ

GC-MS装置とSIMクロマトグラム例

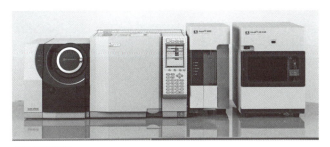

GC-MS装置
株式会社 島津製作所　提供

パージ・トラップ GC/MS による
水中の生ぐさ臭成分の分析
1-1，1-2 トランスとシスの2,4-ヘプタジエナール
2-1，2-2 トランスとシスの2,4-デカジエナール（濃度1.0ppb）

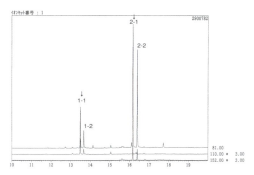

9-6

LC① 液体クロマトグラフィーの基本

移動相として液体を使う液体クロマトグラフィー（LC）。揮発しないもの・熱に不安定なものも分析可能です。分離モードが多様で新しい系が開発され続けています。

▶▶ LCとGCを比べると

　LCとGC、どちらも広く普及している分析法です。汎用されて発達した時期はGCのほうが古く、すでにかなり確立した手法といえます。それに対してLCは、現在も新しい分離モードやシステムの開発が続いています。

　GCは分析対象物質の範囲が限られるのに対し、LCは糖類、たんぱく質、無機イオンに至るまで、非常に幅広い物質を分析できます。GCで分析できてLCでできないものといえば気体程度ですが、LCで分析できてGCでできないものは数え切れません。また、設置や維持の負担はLCのほうが少ないといえるでしょう。LCはGCのようにガスボンベの置き場所を確保し配管する必要がありません。

　GCカラムは主に極性の高低がバリエーションとなりますが、LCのカラムにはまったく性質の異なるいろいろな分離モードが応用されています。その種類を表に示しました。これらのすべてを解説する紙幅はありませんので、最もよく使われる逆相分配モードについて後ろの項で説明します。

　なお、**高速液体クロマトグラフィー（HPLC）**の名称も長らく使われていますが、現在ではLCの大部分がHPLCであるため、LCとHPLCが同じ意味で使われる場合も多々あります。

▶▶ 分離能は向上中

　LCがGCと比べて不利な点は、液体クロマトグラフ質量分析計がまだ高価でスペクトルライブラリーが標準化されていないなど同定手段に難があることと、キャピラリーGCほどの分離が得られないことでしょう。このうち分離能については、近年**超高速液体クロマトグラフィー（UHPLC）**と呼ばれる高圧仕様のシステムが開発されて普及してきており、分離の向上と高速化が進んでいます。

9-6　LC① 液体クロマトグラフィーの基本

液体クロマトグラフィー

液体クロマトグラフの構成

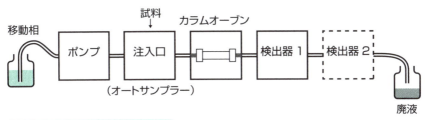

液体クロマトグラフィー用カラム

ジーエルサイエンス株式会社　提供

LCの様々な分離モード

名称	固定相	移動相	分析対象物質
逆相分配	シリカゲル等に非極性基を結合させたもの（ODSなど）	水、緩衝液、アセトニトリル、メタノールなど	汎用
逆相分配（イオンペア）	通常の逆相と同じ	通常の逆相の移動相にイオンペア試薬を添加	イオン性物質
順相*（吸着・分配）	シリカゲル、アルミナなど	ヘキサン、イソプロパノールなど	移動相溶媒に溶解する物質
順相（親水性相互作用、HILIC）	シリカ、極性結合相、極性ポリマー充填剤、イオン交換体など	水、緩衝液、アセトニトリル、メタノールなど	高極性化合物
イオン交換	イオン交換樹脂	緩衝液、メタノールなど	イオン性物質
サイズ排除（ゲルクロマトグラフィー）	ポリマー、シリカなど	水系と有機溶媒系がある	合成高分子、生体高分子
アフィニティー	酵素、ペプチドなどのリガンドを結合させた基材	緩衝液	リガンドと結合する物質

＊**順相**　分配モードの場合は、充てん剤表面にできた水の層がはたらく。

9-7

LC② 逆相分配：最もよく使われる分離モード

LCで最もよく使われるのはODSまたはC_{18}と呼ばれる逆相分配モードのカラムです。化学的にどんな構造のものでしょうか。

▶▶ 何が「逆」なのか？

いきなり逆といわれても、まず逆でない元の状態を知らなければピンときません。かつてクロマトグラフィーで一般的だった状態とは、シリカやアルミナなどの無機材料を固定相とし、ヘキサンやエーテルなどの有機溶媒を移動相とする系でした。この系は今でも脂溶性化合物の分離に使われており、**順相***と呼ばれます。

これに対して**逆相分配**では、固定相となるシリカの基剤の水酸基をアルキル基でふさいで疎水性に変え、水を含む移動相を使います。固定相と移動相の極性を逆転させるわけです。多くの場合、物質の溶出順序も逆になります。逆といっても、今では逆相が圧倒的に多く使われています。逆相分配の固定相でとりわけ汎用されるのはオクタデシルシリル（ODS）基を導入したものです。ODSは炭素数が18なのでC_{18}とも呼ばれます。

なお、移動相については、溶媒組成を終始一定にする**イソクラティック溶離**と、徐々に組成を変えて行く**グラジエント溶離**があります。保持時間が大きく異なる複数の物質を同時に分離するにはグラジエント溶離が適しています。

▶▶ イオン性化合物の分離を改善する

逆相分配カラムで塩基性の化合物を分析するとしばしばピークのテーリングが起こります。これは基剤のシリカの残存シラノール基や金属不純物が原因と考えられています。解決法の一つとして、トリメチルシリル基を導入して残存シラノール基をふさぐ**エンドキャッピング**と呼ばれる処理が行われます。エンドキャッピングの方法や程度によって、同じODSカラムでも性質にかなり違いが出てきます。

また、イオン性化合物の分離を改善するため、溶離液に**イオンペア試薬**を添加する方法もよく使われます。これは、分析したい化合物と逆の電荷を持つ試薬を加えてイオンペアを作り、固定相との相互作用を強くする方法です。

***順相** メカニズムとして吸着と分配がある。P.175の表参照。

9-7 LC② 逆相分配：最もよく使われる分離モード

逆相

逆相カラムでの分離

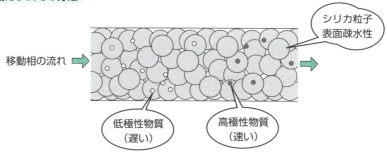

ODSの化学構造

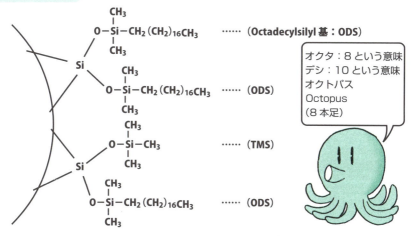

イオンペア試薬を使う分離

9-8

LC③　LCの検出器

LCには様々な検出器があり、2つ以上の検出器をつないで同時にモニターすることも可能です。LCでは、必要に応じて検出器を増設することが比較的容易です。

▶▶ 汎用されるのは紫外・可視検出器

LCによく使われるのは紫外・可視部の光を観測する検出器です。特定の波長に設定して検出する装置と、広い波長範囲を同時検出する**フォトダイオードアレイ検出器**（**PDA**または**DAD**）があります。波長を210nm付近に設定することで幅広い化合物を検出できます。波長が短いほど選択性が低く、試料由来成分による妨害を受けやすくなります。長波長側に吸収を持つ物質ほど選択性の高い検出が可能です。

PDA検出器を使えばクロマトグラム上で任意のピークのスペクトルを取り出して標準品のスペクトルと照合できます。紫外・可視吸収スペクトルにはマススペクトルほどの明快さはありませんが、PDA検出器は質量分析計より初期費用・維持費用とも安く、スペースを必要とせず、メンテナンスも簡単ですから、化合物の確認や推定によく使われます。

▶▶ その他の検出器

その他にもLCの検出器としては表に示した様々なものが実用化されています。ほとんどが非破壊型ですから、直列につないで2種以上の検出器を使うことができます。ただし流路が長くなるぶんピーク幅は広がります。

最も感度が高いのは**蛍光検出器**です。もともと蛍光を発する化合物はそれほど多くありませんが、目的化合物を適当な誘導体化試薬で蛍光誘導体（5-6項）にして検出します。酸化・還元される基を持つ化合物には**電気化学検出器**が使用可能です。また、特別な基を持たない化合物を広く検出できる方法としては長らく**示差屈折率検出器**が用いられてきましたが、近年はより高感度な**ELSD**が普及してきました。ELSDは破壊型の検出器です。

様々な検出器がありますが、小型でコストも低い質量分析計の開発が進んできたため、次項で解説するLC/MSの比重がますます高まっています。

9-8 LC③ LCの検出器

いろいろな検出器

LCによく用いられる検出器

略称	名称	検出対象	原理・特徴
UV-VIS	紫外・可視検出器	紫外・可視部に吸収を持つ物質	紫外光または可視光を照射して吸収を測定（波長固定）
PDA (DAD)	フォトダイオードアレイ検出器	UV-VISと同じ	UV-VISと同じ。回折格子を用いてスペクトルを測定
FL	蛍光検出器	蛍光性化合物	光を照射して蛍光を検出。高感度・高選択性
ECD	電気化学検出器	酸化または還元性の官能基を持つ物質	作用電極上で目的物質が酸化または還元されるときに流れる電流を測定
CD	電気伝導度検出器	イオン性物質	イオンによる移動相の電気伝導率の変化を測定
RID	示差屈折率検出器	汎用	移動相の屈折率の変化を測定。グラジエントモードには使用不可
ELSD	蒸発光散乱検出器	汎用	移動相溶媒を蒸発させ、目的物質によるレーザー光の散乱を測定

ELSDの検出原理と装置

ELSDの検出原理図

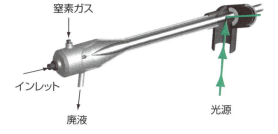

窒素ガス
インレット
廃液
光源

ELSD装置

アジレント・テクノロジー株式会社　提供

9-9
LC/MS

　液体クロマトグラフィー（LC）と質量分析（MS）を組み合わせた分析法が液体クロマトグラフィー質量分析（LC/MS）です。分析対象が幅広く、急速に普及しています。

▶▶ GC/MSより広範囲の物質を分析可能

　LCの分析対象物質の範囲がGCより広いのと同様に、LC/MSの分析対象物質の範囲はGC/MSより広く、不揮発性・分子量の大きい物質まで分析が可能です。略語LC/MSとLC-MSの使い分けはGC/MSの場合（P.170）と同じです。

　GC/MSのイオン化モードがEIかCIであるのに対して、LC/MSでよく使われるのはESIまたはAPCIです。これらは大気圧化で行うイオン化であり、試料が移動相の液体と共に存在していても接続が可能です。ESIもAPCIもソフトなイオン化法ですから**フラグメントイオン**の生成が少なく、1回のイオン化で得られるスペクトルの情報量は相対的に少なくなります。複数のイオン化電圧による測定、もしくは2段階以上の質量分離（MS/MSまたはMS^n）を行うタンデム型の装置や高分解能が得られる飛行時間質量分析計を使うことによって定性能力が向上します。

▶▶ MS/MSとは

　MS/MSでは、1段階目のイオン化で生じたイオン（**プリカーサーイオン**）にアルゴンや窒素などのガスを衝突させて**衝突誘起解離**（**CID**）を行い、さらに小さなイオン（**プロダクトイオン**）にして質量分離します。MS/MSが可能な装置は**タンデム質量分析計**と呼ばれます。タンデム質量分析計に対して、質量分離部を1組だけ装備した質量分析計をシングルマスと呼ぶこともあります。

　LCと組み合わせて使われるMS/MSの装置には、三連四重極型、イオントラップ型、四重極-TOF型などがあります。

　三連四重極型はその名のとおり3個の四重極（QP）を一列に並べたもので、中央の四重極は質量分離のためのものでなくCIDを行うためのものです。3個のQPなのでQqQと呼ばれたりしますが、中央は四重極でなくヘキサポール＊の場合もあります。

　イオントラップ型は、特定の*m/z*を持つプリカーサーイオンをトラップしてCID

＊ヘキサポール　電極6本より成るもののこと。

9-9 LC/MS

LC/MSとは

LC/MSの装置構成

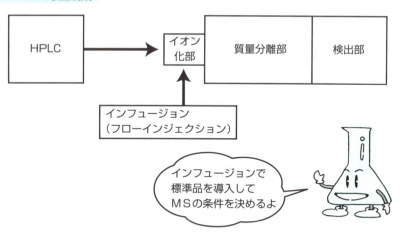

ESIイオン源の構造

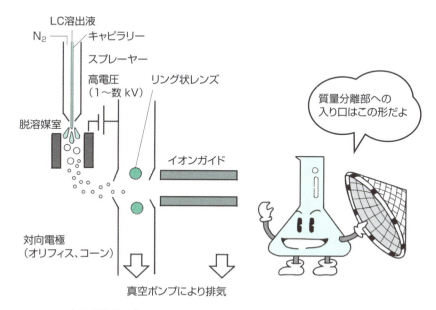

中村 洋監修 『LC/MS, LC/MS/MSの基礎と応用』(オーム社、2014)より

を行い、プロダクトイオンの中からまた特定のm/zを持つイオンをトラップすることを繰り返すMS^n分析が可能です。

一般的に三連四重極型はダイナミックレンジが広いため定量に向いており、イオントラップ型は感度が高く定性に向いています。

▶▶ MS/MSの分析モード

MS/MSにはいくつかの測定モードがあります。通常の定性分析では**プロダクトイオンスキャン**が行われます。まず1段階目のMSで特定のm/zのプリカーサーイオンだけ通過（四重極型の場合）またはトラップ（イオントラップ型の場合）することによって妨害物質由来のイオンを除きます。そして、プリカーサーイオンを衝突誘起解離させてプロダクトイオンを発生させて2段階目のMSに導き、適当なm/z範囲でマススペクトルを得ます。

いっぽう、定量のためには**選択反応検出（SRM）**モードが使われます。これは、2段階目のMSでスペクトルを取得せずに特定のm/zのみモニターするもので、高い感度が得られます。SRMはシングルマス装置におけるSIMのように利用されています。メーカーによってはSRMでなくMRMの語を使っています。

▶▶ LC/MSの注意点

LC/MSと通常のLCとの大きな違いは、装置内部を汚すため不揮発性の移動相を使えない点です。りん酸塩緩衝液の代わりに酢酸アンモニウムやぎ酸アンモニウムの溶液がよく使われます。イオンペア試薬も同様で、不揮発性のSDSなどは使えません。LC/MS用のイオンペア試薬が各種市販されています。

ライブラリー検索に関しては、まだGC/MSほどの利便性がありません。LC/MSでのイオン化は機種によって異なっているのが現状で、汎用の市販データベースはありません。機器メーカーが構築した小規模なライブラリーが販売または無償配布されています。ユーザーがプライベートライブラリーを作成することもできます。

測定上では、**イオンサプレッション**または**マトリックス効果**と呼ばれる現象に注意する必要があります。これは試料に含まれるきょう雑物質によってイオン化が影響を受け、定量性が得られない現象を示します。安定同位体標準品の利用や、前処理によってできる限りきょう雑物を除くなどの対処をします。

9-9 LC/MS

装置の例とマススペクトル

三連四重極型質量分析計

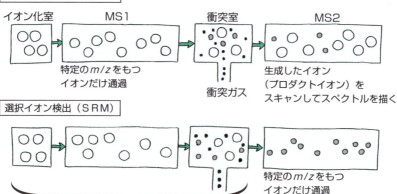

LC/MS/MSで得られるスペクトル例(医薬品)

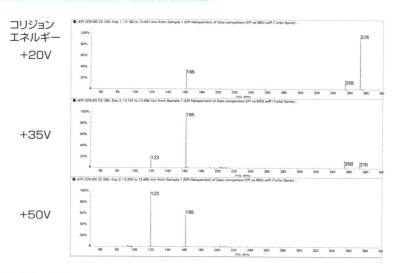

統合失調症治療薬ハロペリドールのマススペクトル。
+20V、+35V、+50Vのコリジョンエネルギーで3枚のスペクトルを同時に取得する。

株式会社エービー・サイエックス　提供

9-10
イオンクロマトグラフィー

イオンクロマトグラフィー（**IC**）はLCの一種ですが、LCとは別枠で扱われる場合が多い分析法です。装置はほとんどIC専用で、LCが主に有機化合物を分析対象とするのに対し、ICは主に無機イオンが対象です。

▶▶ イオン交換カラムで分離して電気伝導度で検出

ICは水溶液中の陽イオン・陰イオンを分離検出します。カラム充てん剤としてはイオンを保持する能力を持つ**イオン交換樹脂**が主に使われます。完全に保持してしまってはクロマトグラフィーになりませんから、使われるのは低交換容量の樹脂です。移動相には電解質溶液を使います。検出器は基本的に**電気伝導度検出器**＊です。

イオン交換樹脂と電気伝導度検出はイオンの分離・検出に格好のアイテムですが、一つ困ることがあります。それは、イオン交換は高濃度の電解質溶液中で行うのに対し、電気伝導度検出はイオン濃度が高いとバックグラウンドが大きく感度が低下してしまうことです。

▶▶ サプレッサ法とノンサプレッサ法

この問題の解決策としては主に2つあります。1つは、最初から溶離液として電気伝導率の低いもの（有機酸系緩衝液など）を選ぶこと。もう1つは、試料がカラムを通過して分離された後に溶離液の電気伝導率を下げることです。前者を**ノンサプレッサ法**、後者を**サプレッサ法**と呼びます。それぞれの構成は右ページ上図のとおりで、サプレッサ法ではカラムの後ろにサプレッサが取り付けられます。サプレッサはイオン交換などの原理で溶離液中のイオンを電気伝導度の低い形に置き換えます。

ICを無機イオン分析法として原子吸光装置やICP発光分析装置と比較すると、ガス配管を必要とせず装置も安価でコンパクトですから、より導入しやすいといえるでしょう。また、元素種別のみでなく状態分析ができます。ただし検出できるのはイオンのみであり、電気的に中性の物質は対象外です。

ICは特に環境分野で河川水、雨水、上水等の分析によく使われます。また、食品、医薬品、化学工業分野で、無機物だけでなく有機酸やアミン類の分析にも使われます。

＊電気伝導度検出器　陰イオンの中にはNO_2^-、Br^-、NO_3^-などUV検出が可能なものもある。

9-10 イオンクロマトグラフィー

イオンクロマトグラフィーとは

イオンクロマトグラフの構成例

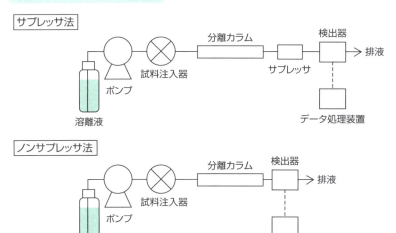

一般社団法人　日本分析機器工業会「分析機器の手引き(第21版)」(2015)より

雨水中の陰イオンの分析

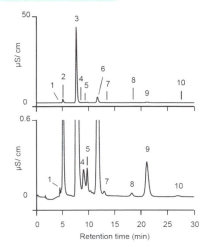

1	酢酸	6	SO_4^{2-}
2	ぎ酸	7	しゅう酸
3	Cl^-	8	Br^-
4	炭酸	9	NO_3^-
5	NO_2^-	10	PO_4^{3-}

カラム：IonPac AG15, AS15
溶離液：38 mmol/L KOH
溶離液流量：1.2 mL/min
サプレッサ：ASRS
恒温槽温度：30 ℃

サーモフィッシャーサイエンティフィック株式会社　提供

9-11
SFCとTLC

SFCは超臨界状態の二酸化炭素を移動相とするクロマトグラフィー、TLCはカラムではなく薄層板と呼ばれる板状の固定相を使うクロマトグラフィーです。

▶▶ 気体と液体の性質を併せ持つ移動相

超臨界流体クロマトグラフィー（SFC） は、「3-7　固形物からの抽出」で解説した超臨界流体抽出と同様に、超臨界状態の二酸化炭素を使用するクロマトグラフィーです。超臨界流体は気体のような粘性の低さ（流れやすさ）と液体のような溶解性を併せ持ち、これを移動相とすることで高分離が得られます。移動相にメタノールなどの**モディファイアー**を添加することによって分離特性に変化を付けられます。SFCは光学異性体の分離などに繁用されています。

SFCの装置構成及びカラムはLCと類似しており、高圧の二酸化炭素ボンベを接続する点が異なります。高圧の二酸化炭素は高圧ガス保安法で規制されています。装置を導入する際には都道府県への届出が必要です。

▶▶ TLCは低コストで手軽

薄層クロマトグラフィー（TLC） では、ガラスやアルミなどの板の片面にアルミナ・シリカゲルなどを塗布した**薄層板**を使用します。薄層板の一端にキャピラリーを使って試料溶液を染み込ませ、展開溶媒を入れた展開槽に入れて液を上昇させ、クロマトグラフィーを行います。色の付いたスポットは目視で、色のないスポットは暗箱内でUVランプ照射、または各種発色試薬を使って位置を確認します。標準液を同時に試験して比較するか、次の式でR_f値＊を求めることで定性します。

R_f値 ＝ 開始線からスポットまでの距離 ÷ 開始線から溶媒先端までの距離

TLCは有機合成で反応の進行の確認、天然物化学で物質の分離の確認によく使われます。きわめて簡便でありながら、原点付近に留まる成分の有無までチェックできる点はLCより優れています。DART（8-2項）を装着した質量分析装置を使えば、

＊ R_f値　Ratio of Flowの略。

9-11　SFCとTLC

薄層板上のスポットのマススペクトルを直接取得することができます。

SFCとTLCとは

SFC装置（分析、分取対応）

日本ウォーターズ株式会社　提供

TLCの展開の様子とR_f値の求め方

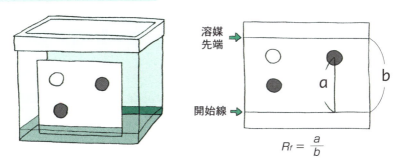

$$R_f = \frac{a}{b}$$

薄層プレート選択の目安

種類	原理	分離対象	備考
シリカゲル	シラノール基と試料物質との水素結合	分子量100～1000くらいの炭化水素から水溶性化合物まで広範囲	C18などを導入した逆相型も市販されている
アルミナ（アルミニウムオキシド）	吸着・分配	中性試料　アミンなど塩基性試料	
セルロース	セルロースのOH基に水素結合した水を固定相とする分配	親水性極性物質（アミノ酸、カルボン酸、炭水化物、核酸関連物質、無機イオン、りん酸塩など）	

日本分析化学会編『分析化学便覧　改訂5版』(丸善、2001)より抜粋

9-12
キャピラリー電気泳動

　川の水は中央付近では速く、岸辺に近いほどゆっくり流れます。GCやLCも同様で、移動相はカラムの中央では速く、カラム壁に近いほど遅く流れます。ごく当たり前と思われるこの流れ方とは違う理想的な流れを実現するのがキャピラリー電気泳動（CE）です。

▶▶ ポンプもボンベもないのに緩衝液が流れる

　CEの装置は右ページ上図のようになっています。ヒューズドシリカ製キャピラリーの両端を緩衝液（泳動液）に浸してそれぞれの液に電圧を負荷します。するとキャピラリー内部に、陽極側から陰極側へ**電気浸透流（EOF）**と呼ばれる流れが発生します。

　キャピラリーの内面には多数のシラノール基（－SiOH）があってマイナスにイオン化（－SiO⁻）しています。これはキャピラリーにくっついていますから動きません。いっぽう、この電荷のバランスをとるために、緩衝液中の陽イオンが内壁表面の近くに引き寄せられて二重層を形成しています。この陽イオンの層は電圧がかかるとキャピラリーの陽極側から陰極側へ移動していきます。こうして起こる流れがEOFです。

　EOFは平面的な流れであり、通常の液体や気体の流れのような対流が起こりません。そのためCEではきわめて高い分離能が得られます。試料はキャピラリー先端を試料液に浸して加圧するなどの方法で導入します。

　CEで物質が分離されるモードには何通りかあります。最も基本的な**キャピラリーゾーン電気泳動（CZE）**では、電荷とイオン半径の大きさによって「小さい陽イオン＞大きい陽イオン＞中性物質（EOFと同じ速度）＞大きい陰イオン＞小さい陰イオン」の順に速く移動します。CZEでは中性物質が分離できないことを解決したのが**ミセル動電クロマトグラフィー（MEKC）**で、泳動液中に界面活性剤を加えて電荷を持ったミセルを形成させ、ミセルと物質との相互作用を利用して中性物質も分離します。

　CEのデータは**エレクトロフェログラム**と呼ばれ、見かけはクロマトグラムに類似しています。CEのキャピラリーはHPLCのカラムよりも取扱いが簡便で分析時間が短い利点があります。いっぽうで、キャピラリーの一部をそのままセルにして検

9-12 キャピラリー電気泳動

出するため感度が低い、繰り返し精度はHPLCより低いといった弱点も持っています。CEが特に得意とする分析対象は金属イオン、無機陰イオン、有機酸です。

キャピラリー電気泳動の仕組み

キャピラリー電気泳動装置

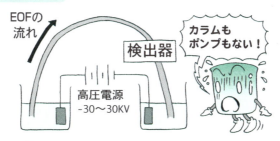

物質を分離する仕組み

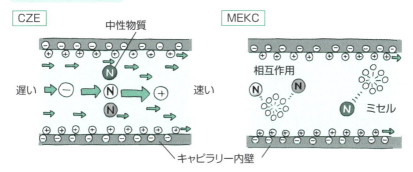

エレクトロフェログラムの例（水溶性ビタミン）

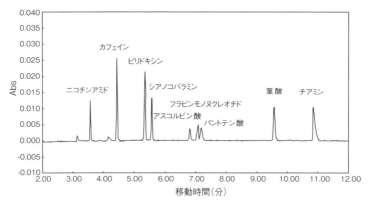

シクロデキストリンを添加したMEKCによる9種のビタミン類の分析

大塚電子株式会社　提供

COLUMN　アセトニトリル不足とヘリウム不足

　2008年9月、いわゆるリーマン・ショックが起こり、これをきっかけに世界は金融危機と大不況に陥りました。そして2008年末から2009年にかけてアセトニトリル不足が起こりました。なぜ不況でアセトニトリルが不足するのか？　理解に苦しんだものですが、自動車減産→内装材料のアクリロニトリル減産→副生成物のアセトニトリル減産、という因果関係だったようです。5本注文したのに3本しか納品されないといった事態になりました。LCの移動相として欠かせない溶媒ですから多くのラボが困り、アセトニトリルからメタノールへの代替などを検討しました。

　そして2012年末から2013年にかけて、今度はヘリウム不足が起こりました。ヘリウムが有限な地下資源であること

を、筆者はこのとき初めて知りました。天然ガスを産出する際の副生成物なのだそうです。アメリカでの産出方法変更など様々な要因がからんで不足が起こったようです。ヘリウムはGCのキャリヤーガスでNMRの冷却剤でもあります。このとき、注文から納品まで2～3か月かかったという話もよく聞きました。東京ディズニーランドでバルーンの販売が中止されるなど、影響は広がりました。その後ひっ迫状況は改善しましたが、現在も価格は高止まりしています。分析に支障のない範囲でヘリウム（GC用）の代わりに水素や窒素を使うようになったラボもあります。

　当たり前に使用している消耗品ですが、分析を止めないためには日頃から代替手段の検討など準備が必要です。

第10章

電気化学分析

暮らしに身近で、高校化学でも学ぶ電池や電気分解。これらを扱う領域は電気化学と呼ばれます。電気化学分析は、pH計や滴定装置、化学センサー、バイオセンサーなど、重要な測定法の原理となっています。

10-1
電気化学分析の基本

ここまでの検出・定量法は「分けずにはかるもの」「光で見分けるもの」「物自体を分離するもの」の順に解説してきました。これらに対して電気化学分析は、分離と検出を微小な領域で一度に実現する優れものの方法です。

▶▶ シンプルな装置——でもまだ謎が一杯

電気化学分析で最も身近な装置であるpH計は小さなガラスの棒ですが、実はクロマトグラフィーよりも分光光度計よりもすごいことをやっています。シンプルなガラス膜で様々な混合物の中から水素イオンだけをより分けて、しかも定量までしているのですから。電気化学分析は、単純そうな系でありながら未知のことが多く、それ自体が研究対象として多くの研究者を惹きつけている領域でもあります。

電気化学分析の基本アイテムは**電極**です。電極は電子の受け渡しが起こる物質の組み合わせでできています。2-4項で述べたとおり電子を放出する反応は酸化、電子を受けとる反応は還元ですが、酸化が起こる電極を**アノード**、還元が起こる電極を**カソード**といいます。アノードとカソードを導線で結べば、酸化と還元を別々の場所で同時に行うことができ、電子はアノードからカソードへ流れます。（電流は逆にカソードからアノードへ流れる。）電子が流れる分の電荷を補うため、イオンのみを通過させる塩橋や多孔板で溶液を結びます。

▶▶ 電極の区別は＋－と酸化還元

理科の実験で電極といえば「電池」と「電気分解」ですね。電池ではカソードからアノードへ自発的に電流が流れます。電気分解では自発的な反応は起こらないので電圧をかけ、陽極側がアノード、陰極側がカソードになります。

高校の化学で「電池は正極と負極、電気分解は陽極と陰極」と学習します。電子の流れを考えれば、正負と陰陽は判断できますね。これに対してアノード・カソードはわかりにくいですが、**カソードの"カ"は還元の"カ"**と覚えれば間違いありません。

なお、カチオン*は陽イオン、アニオン*は陰イオンの意味ですが、アノード・カソードは＋－でなく酸化還元を表す名称ですから注意しましょう。

＊**カチオン、アニオン**　カチオンは「カソードへ向かうもの」アニオンは「アノードへ向かうもの」から名づけられた。

10-1 電気化学分析の基本

アノードとカソードの働き

アノードとカソード

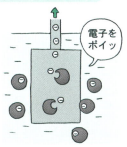
アノード（酸化）

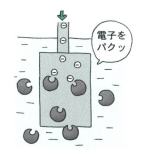
カソード（還元）

アノード（電極自体が反応する場合）

電池（自発的に電気が流れる）

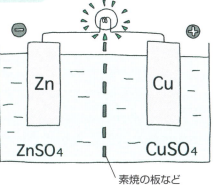

アノード
$Zn \rightarrow Zn^{2+} + 2e^-$

カソード
$Cu^{2+} + 2e^- \rightarrow Cu$

素焼の板など

電気分解（電圧をかける）

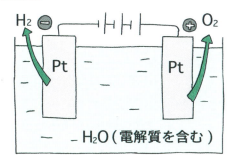

カソード
$2H^+ + 2e^- \rightarrow H_2$

アノード
$2OH^- \rightarrow \frac{1}{2}O_2 + H_2O + 2e^-$

水の電気分解

10-2

導電率計

　水は電気化学分析の中で特別な物質です。導電率計は化学種を分けずに総量を測定する簡便な装置で、水の分析に汎用されます。

▶▶ 電気伝導率と電気抵抗の関係

　電気伝導率（**導電率**、**電気伝導度**）とは、文字どおり物質がどの程度電気を通しやすいかを表す指標です。中学校の理科では電気の通しやすさでなく通しにくさ（**電気抵抗**）を学習しますね。電気抵抗の単位はオーム（Ω）ですから、その逆の意味を持つ電気伝導率の単位はΩ^{-1}…と考えるのが自然でしょう。SI単位系ではΩの逆数は**ジーメンス（S）**という単位です。しかし通常電気伝導率といえばSでなく単位長さ当たりの量である比伝導率Sm^{-1}を用いて表します。導電率計の目盛としてはmS/cmやμS/cmが多く用いられます。このほうが物質の性質を表すのに都合がよいからです。

　導電率計は、2つの電極間に交流電圧をかけて電気伝導率を測定する装置です。水の電気伝導率はイオン性の不純物が多いほど上昇するので、電気伝導率は水の汚れ具合を反映し、重要な水質監視項目です。この他に導電率計は日本薬局方の水の分析（第16改正から）、海水や食品の塩分の測定、大気中の二酸化硫黄濃度測定、イオンクロマトグラフ装置の検出器などに応用されています。

▶▶ 水素イオンと水酸化物イオンはなぜ電気を伝えやすい？

　ところで水は電気伝導率について面白い性質を持っています。

　純粋な水はほとんど電気を通しません。ほんのわずかしか解離していないので、電気を運ぶものが少ないのです。しかし水素イオンと水酸化物イオンは、種々の陽イオンや陰イオンの中で特別に電気を通しやすい物質で、水が酸性または塩基性に傾くとたちまち電気伝導率が上がります。これは水分子が水素結合によって数分子が会合してクラスターを作っており、クラスターを介して電気伝導が起こる（**プロトンジャンプ機構**、右ページ下図）ためとされています。この性質を利用して、導電率計で感度良く酸塩基滴定の中和点検出が行えます。水は電気化学分析において、様々な意味で特別な物質です。

10-2 導電率計

導電率と電気伝導

導電率は単位長さあたりの電気の通しやすさで表す

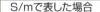
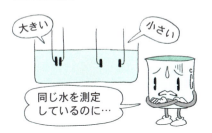

導電率計の利用

ハンディ導電率計

株式会社堀場製作所　提供

アンモニア自動測定装置
環境水や排水中のアンモニウムイオンをガス透過膜によって濃縮し、導電率計で濃度を測定する。
　　　　　　　　　紀本電子工業株式会社　提供

水中のプロトンジャンプ機構による電気伝導

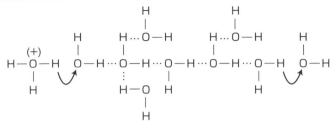

点線は水素結合を示す

大堺利行ら『ベーシック電気化学』(化学同人、2000)より

10-3
ネルンスト式と標準電極

2つの電極をつないだとき、どちらがアノードでどちらがカソードになるのでしょうか。それは各電極の酸化還元電位によって決まります。酸化還元電位と溶液の濃度や温度との関係を表すのがネルンスト式です。

▶▶ 酸化還元電位は溶液の濃度によって変わる

アノードとカソードでは電子を放出または受けとる反応が起こります。ある物質の酸化体をOx、還元体をRedとして、カソードで次の反応が起こる場合を考えてみましょう。（アノードでは逆向きの反応）

$$a\text{ Ox} + n\text{ e}^- \rightleftarrows b\text{ Red}$$

この反応には電子 e^- が含まれていますから単独では起こりません。このような反応は**半反応**、またOxとRedの組み合わせは**酸化還元対**と呼ばれます。半反応にはそれぞれ固有の**酸化還元電位**を定義できます。酸化還元電位は電極の材料や電極を浸している溶液の種類、濃度、温度などの条件が一定なら物質に固有の値となります。平衡状態での酸化還元電位は次の**ネルンスト式**で表されます。

$$E = E° + \frac{RT}{nF} \ln \frac{[\text{Ox}]^a}{[\text{Red}]^b}$$

E は酸化還元電位、$E°$ は標準酸化還元電位、R は気体定数、T は絶対温度、F はファラデー定数です。[Red]と[Ox]、つまり酸化体と還元体の濃度*の比が入っていますから、いかにも分析に役立ちそうに見えるでしょう。（実際役立ちます。）

▶▶ 基準は水素イオンの酸化還元反応の電位

標準酸化還元電位 $E°$ の絶対値はどうやって決めるのでしょうか。何を基準にしても構わないのですが、約束ごととして、白金電極で起こる $H^+ + e^- \rightleftarrows \frac{1}{2} H_2$ の反応を基準にすることになっています。水素イオンと水素ガスの活量がすべて1である電極を**標準水素電極（SHE）**と呼び、SHEの電位はあらゆる温度において0 Vと定義されています。ある電極の電位を測定するには、SHEと電気的に接続して**電位差**を測ります。

***濃度** 厳密には活量。

10-3 ネルンスト式と標準電極

ただし、水素ガスを利用するSHEは扱いが煩雑なので、多くの測定機器にはもっと扱いやすい電極が**参照電極**として装備されています。参照電極として代表的なのは銀－塩化銀電極とカロメル電極です。

標準電極と参照電極

標準電極電位の例

半電池反応	$E°/V$
$Li^+ + e^- = Li$	-3.045
$Zn^{2+} + 2e^- = Zn$	-0.763
$2H^+ + 2e^- = H_2$	0 （定義）
$AgCl + e^- = Ag + Cl^-$	+0.222
$Cu^{2+} + 2e^- = Cu$	+0.337
$O_2 + 4H^+ + 4e^- = 2H_2O$	+1.229

↑ 電子を放しやすい
↓ 電子を放しにくい

国立天文台編『理科年表 平成28年』（丸善、2015）より抜粋

リチウムは飛び抜けて電子を放しやすいんだね

ケータイにぴったり

だから強力な電池になるし、しかも軽い！※

※ ただしリチウム電池の反応はこの表の反応と同じではない

よく用いられる参照電極

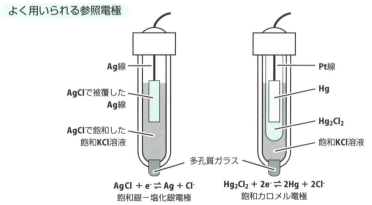

$AgCl + e^- \rightleftharpoons Ag + Cl^-$
飽和銀－塩化銀電極

$Hg_2Cl_2 + 2e^- \rightleftharpoons 2Hg + 2Cl^-$
飽和カロメル電極

合田眞 他『環境分析化学』（三共出版、2004）参考

10-4
pH計とその他のイオン選択性電極

濃度の違うイオンが膜を隔てて接していると、膜には電位差が発生します。それを測定するのがイオン選択性電極で、とりわけ汎用されているのがpH計です。

▶▶ 試料液に２つの電極を浸したら？

右ページ上図にイオン選択性電極の構成を示しました。

同じ試料液に浸された２組の電極があります。左側は参照電極で、イオンのみを通過させる液絡部で試料溶液とつながっています。右側はイオン選択性電極で、特定のイオンに選択性を持つ膜（**イオン感応膜**）を隔てて試料溶液と接しています。

この装置の電気的なつながりをぐるっと目で追ってみてください。左の電極にも右の電極にも酸化還元電位がありますが、それらは既知のものです。液絡部は理想的には電位差ゼロ*です。するとイオン感応膜の部分だけが電位差未知ということになります。この電位差が試料溶液の中の特定のイオン濃度と相関するためにイオン濃度の測定が可能となるわけです。

イオン選択性電極の一つであるpH計では、水素イオンに対して選択性のあるガラス薄膜を隔てて試料液と内部液との間に発生する電位差を測定します。大きな抵抗のある電圧計を介していますから、電極間に電流は流れません。

電位差とpHの間には、ネルンスト式の変形によって次の関係式が成り立ちます。

$$E = 一定値 + 0.059 \log_{10}[H^+] \quad (25℃)$$

つまり水素イオン濃度 $[H^+]$ が10倍になると（pHが１減ると）電位差が59mV変化します。実際のpH測定では、水素イオン濃度既知の標準液を使ってpH計を**校正**して測定を行います。右ページ左下図はpH電極の構成です。

ガラス電極ではどのようにして電位差が生まれるのでしょうか。長い間信じられてきたのは「乾燥ガラス内の拡散電位」という説で、理論式は実験結果によく一致します。しかし本当は試料溶液と感応膜間の電位差からであることがわかってきました。ガラス薄膜表面の水和層ではガラスの成分であるケイ酸塩がほとんどケイ酸となっていますが、この－SiO^-部位が固定化されているのに対し、H^+は自由に移動したり他のイオンと交換したりします。これにより電位差が生じると考えられています。

***液絡部**… 実際にはある程度の電位差が発生する。

10-4 pH計とその他のイオン選択性電極

イオン選択性電極

イオン選択性電極の構成例

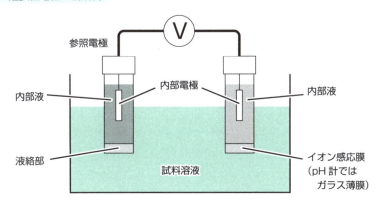

pH電極の例

S.P.J.Higson 著　阿部芳廣ら訳
『分析化学』(東京化学同人, 2006)参考

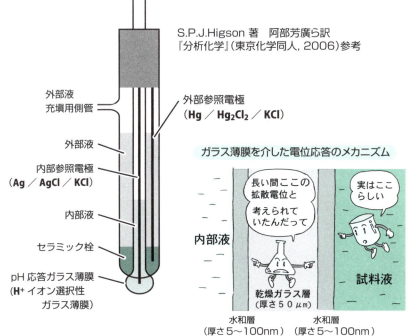

10-5
電極を用いる滴定

電極を使うと指示薬を使うよりも再現性良く滴定を行うことができ、自動化も可能です。カールフィッシャー水分計では粉末や液体中の微量の水分を定量できます。その原理には容量滴定と電量滴定の2通りがあります。

▶▶ 終点で立ち上がる滴定曲線

酸塩基滴定の終点を知るには、pHを測定するのが最も直接的な方法です。右ページ上図は滴定中に加えた酸または塩基の量に対してpHの値をプロットしたもので、**滴定曲線**と呼ばれます。終点（中和点）では急にpHが変化してジャンプが起こります。このジャンプの仕組みは？　ちょっと計算してみましょう。

右ページ上図左は0.1mol/Lの塩酸（pH1）10mLを0.1mol/Lの水酸化ナトリウム溶液（pH13）で滴定したものですが、中和点（液量20mL）の1滴（0.05mL）手前ではH^+濃度は$0.1 \times 0.05 \div 20 = 10^{-3.6}$（mol/L）でpH3.6となります。そして次に1滴加えたらpH7、さらに1滴追加したらpH10.4です。たった2滴でH^+濃度は7桁も変化します。電極を使えば、より明確にわかります。右ページ右図は弱塩基を弱酸で滴定した場合ですが、pH変化が小さいことがよくわかります。

▶▶ カールフィッシャー滴定

カールフィッシャー法は、滴定によって有機溶媒や粉末中の微量の水分を測定する方法です。カールフィッシャー試薬に含まれるヨウ素が水と1：1の比で反応することを利用します。かつては色の変化によって終点を決めていましたが、現在では電極を装備した装置が主に使われます。その方式には**容量滴定**と**電量滴定**があります。

容量滴定では、反応の終点を電位差または電流によって検出します。反応に要した試薬の容量から、酸塩基滴定と同様に水分量を計算します。

電量滴定では、発生液に含まれるヨウ素イオンの電気分解によってI_2を発生させて水と反応させ、電気分解に要した電気量（電流×時間）から**ファラデーの法則**[*]により水を定量します。電量滴定は、容量滴定よりも微量の水の測定に適しています。

カールフィッシャー法はJISや日本薬局方に採用されている標準的な水分測定法です。

---

[*]**ファラデーの法則**　「電極で変化するイオンの物質量は、通じた電気量に比例する」というもの。
ファラデー定数　$F = 9.64853 \times 10^4$（C/mol）

10-5 電極を用いる滴定

電極を用いる滴定

電位差滴定

強酸（塩酸）と強塩基（水酸化ナトリウム）

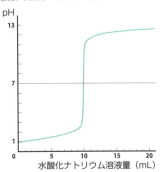

弱酸（酢酸）と弱塩基（アンモニア）

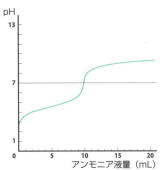

カールフィッシャー反応

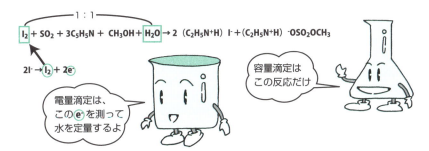

$I_2 + SO_2 + 3C_5H_5N + CH_3OH + H_2O \rightarrow 2\,(C_2H_5N^+H)\,I^- + (C_2H_5N^+H)\,{}^-OSO_2OCH_3$ （1:1）

$2I^- \rightarrow I_2 + 2e^-$

電量滴定は、この e^- を測って水を定量するよ

容量滴定はこの反応だけ

カールフィッシャー装置

電量滴定方式

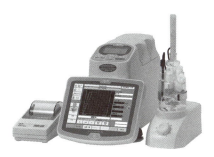

容量滴定方式

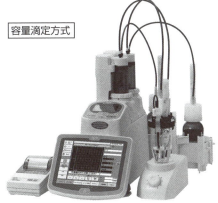

京都電子工業株式会社　提供

10-6
ボルタンメトリー

電圧を変化させながら電流をはかる方法はボルタンメトリーと呼ばれます。その中でストリッピングボルタンメトリーは小型の装置と小電源だけで金属の微量分析を行える方法で、環境分析などに活用されています。

▶▶ 基準の電極に電流を流さないポテンシオスタット

　ボルタンメトリーは、電極にかける電位を変化させながら電位と電流を測定して解析する方法です。しかし電極に電流を流したら化学反応が起こって電解液の濃度や電極の状態が変わり、電位が変化してしまいます。参照電極の電位が変化したら基準として役に立ちません。

　そこで工夫されたのが、3番目の電極（**対極**）を加え、参照電極には電流を流さないようにした回路です。この回路は右ページ上図のようになっています。電圧計を見ながら電源のツマミを調整して一定電位を保ち続けている人がいます。実際にはこれは人間にはとても無理なことで、電子的に行います。これは**ポテンシオスタット**という装置です。ボルタンメトリーにはポテンシオスタットが不可欠です。

▶▶ 高感度なモバイル分析：ストリッピングボルタンメトリー

　ボルタンメトリーには様々な測定モードがあります。研究目的でよく行われるのはサイクリックボルタンメトリーですが、ここでは環境試料中の重金属分析への利用が広まりつつある**ストリッピングボルタンメトリー**を紹介しましょう。

　ストリッピングボルタンメトリーでは、まず電極を試料液に浸し、電位を負の方向に変化させて一定時間保ち、電極表面に分析目的のイオンを還元析出させます。その後、電位を正の方向に一定速度で変化させると、イオン化しやすいものから順に再びイオンとなって試料液中に放出されます。電位を横軸に、電流を縦軸に描いたグラフは**ボルタモグラム**と呼ばれ、これからイオンの種類と量がわかります。

　この方法は大掛かりな装置や電源を必要としないので屋外での測定も可能、しかもマトリックスの影響を受けにくく高感度です。東京都が公募した土壌汚染調査の簡易迅速分析技術の一つとして採用されています。

10-6 ボルタンメトリー

変化させながら測定する

ポテンシオスタットの仕組み

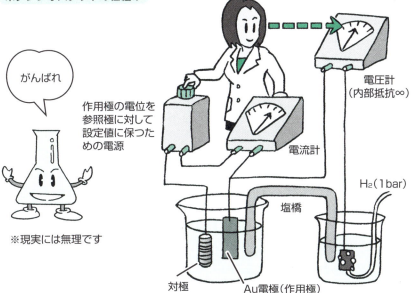

がんばれ

※現実には無理です

作用極の電位を参照極に対して設定値に保つための電源

電圧計（内部抵抗∞）

電流計

H₂(1bar)

塩橋

対極　Au電極（作用極）

高木誠『ベーシック分析化学』（化学同人、2006）参考

ストリッピングボルタンメトリー

吸着段階
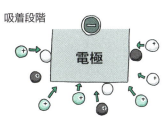

ストリッピング段階

ボルタモグラムの例（還元剤処理による総ひ素定量）

屋外での分析風景

ジーエルサイエンス株式会社　提供

COLUMN 超高甘味度甘味料

　甘い物質といえば、まずは砂糖、ぶどう糖、果糖などの天然糖です。これらの糖は糖度計を使って果樹園や生産ラインで簡易測定することができます。近赤外分光を使えば丸ごとの果物の糖度もはかれます。

　それに対して、人工甘味料であるアスパルテームとアセスルファムカリウムは砂糖の200倍、スクラロースは砂糖の600倍甘いとされ、食品中の濃度は簡単にははかれません。これらは高甘味度甘味料といわれます。アスパルテームとアセスルファムカリウムは紫外部に吸収があるのでUV検出器やPDAの付いたLCで分析できます。スクラロースは紫外部の吸収がほとんどないため、示差屈折計などやや特殊な検出器が必要です。

　2014年に超高甘味度甘味料アドバンテームが食品添加物として認められました。その甘味は砂糖の14,000〜48,000倍です。アドバンテームは紫外部に吸収がありますが、それでは感度が追いつかず、LC/MS/MSも動員した分析になります。40 ng/gの定量下限を持つ方法が報告されています。甘味料という技術の進歩によって、分析も高度なものが求められるようになるというわけです。

　それにしても、%からppbまでの範囲をカバーし、しかも塩分や酸やアルカロイド（苦味）やアミノ酸（旨味）まで検出できる「舌」という器官はすごいものです。

アドバンテームの構造式

第11章

放射性物質の分析

2011年3月に起こった東京電力（株）福島第一原子力発電所の事故以来、放射性物質の分析値は私たちにとって身近なものになりました。今後も長期にわたって食品・水・大気・土壌などに含まれる放射性物質を監視していく必要があります。

11-1
放射性物質の特徴

放射性物質は、「放射線を出す」という性質そのものが分析に役立ちます。この性質のおかげで放射性物質はきわめて低濃度・微量であっても検出が可能です。

▶▶ 光や電子線を使わずに高感度検出

機器による分析の多くは、光や電子線を物質に当てて相互作用させ、出てくる光や粒子を観測するというパターンです。しかし放射性物質の分析に関してはその必要はありません。物質自体が**放射線**を放出するからです。しかも、放射線の性質はそれぞれの**核種**に固有のものなので、それを観測することによって定性が可能です。さらに、放射線のエネルギーは非常に高いので、ごくわずかな量でも検出できます。

例えば飲料水中の放射性セシウムの基準値は1 kg当たり10ベクレルです。10ベクレルの^{137}Csは3000億分の1 g、濃度に換算すると3 ppq（10^{-15}）という見慣れない単位になります。このような極微量でも定性・定量が可能です。

▶▶ 放射性壊変によって放射線が発生

放射性物質の量（**放射能**）は単位時間に**壊変**する数で表し、その単位はベクレル（Bq）です。1ベクレルは1秒間に1回の壊変を意味します。

壊変とは、不安定な原子核がエネルギーを放出してより安定な原子核に変化することです。^{137}Csの場合、β線を放出して^{137m}Ba（準安定同位体）に変化し、次いでγ線を放出して^{137}Ba（安定同位体）に変化します*。つまり^{137}Csの放射線を観測した時点では、すでにその^{137}Csの原子は存在していないわけです。こんな物質の量を正確にはかることができるのでしょうか？ 核種にもよりますが、十分可能です。

放射性物質の量が壊変によって半分になるまでの期間を**半減期**と呼びます。^{137}Csの半減期は30.1年。計算すると、^{137}Csの原子のうち1時間に壊変するものは約38万個に1個の割合です。より速く壊変する^{134}Cs（半減期2.1年）でも約3万個に1個の割合です。この程度の緩やかな減少なので、^{137}Csと^{134}Csの量を十分正確に測定することができるわけです。

＊…**変化します**　右ページの壊変図にあるとおり、一部は^{137m}Baを経ず直接^{137}Baに変化する。

11-1 放射性物質の特徴

放射性物質の基本

放射線の種類

α線

陽子2個と中性子2個から成る。紙1枚で遮蔽できる。

β線
・　→
電子または陽電子。単にβ線と表記した場合、通常電子線を示す。金属板やプラスチック板で遮蔽できる。

γ線

電磁波。透過力が高く、厚さ10 cmの鉛板等で遮蔽する。

中性子線
○　→
中性子。透過力が高く、水やコンクリート等の厚い層で遮蔽する。

γ線とX線はいずれも電磁波で、原子核の状態の遷移によって発生するものをγ線、電子の状態の遷移によって発生するものをX線という。

放射性壊変の例

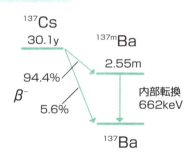

ここで出るγ線の波長を測定して定性するよ

こういうカーブを描いて減っていくんだね

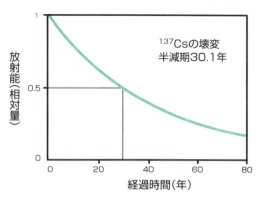
^{137}Csの壊変
半減期30.1年

11-2
分析対象となる放射性核種

放射性の核種には天然由来のものと人為的に生成したものがあり、いずれも多くの種類があります。それらの中で頻繁に分析対象になるものがいくつかあります。

▶▶ 原発事故に関連する放射性物質

「放射性セシウム」は2011年以降ニュースですっかり聞きなれた言葉です。食品や水や土壌の汚染状況を監視するためにその濃度が測定されます。セシウムの安定同位体は^{133}Csのみで、放射性セシウムとは^{134}Csと^{137}Csを意味します*。この2つ以外にも放射性のセシウムは存在しますが、汚染状況を監視するための対象物質としてはこれらが測定されています。また、原発事故直後には「放射性よう素」という言葉もよく耳にしました。これは主に^{131}Iを意味します。半減期は8.0日であるため、長期的な汚染監視の指標にはなりません。チェルノブイリの原発事故による一般住民への主な健康被害は放射性よう素による甲状腺がんであったとされ、人体への影響の観点で重要な核種です。毒性の強さでは放射性ストロンチウム(^{90}Sr、^{89}Sr)も着目されます。

原発事故では核燃料である^{235}Uの核分裂生成物が主に拡散しました。^{235}Uが真っ二つに分かれるなら質量数117当たりの原子核が生成するはずですが、実際には質量数130～140付近と質量数90～100付近の大小の原子核が主に生成します。

▶▶ 医療や科学研究に利用される放射性核種

放射性物質は医療や科学研究に利用されています。これらの分野では**放射性同位元素**という言葉もよく使われます。原発事故の汚染物質のように様々な放射性核種を含むわけではなく、含有される核種及び量は既知で、きちんと管理された状態で製造・流通・使用されます。用途としては、特定の臓器に結びつきやすい性質を利用しての病気の診断、生物が摂取した物質の生体内での分布や排泄状況の研究などがあります。また、天然に存在する放射性核種である^{14}Cや^{40}Kの存在比率を調べることによる考古学的遺物の年代測定が行われています。

---

*…**意味します** 合計値を算出するので、事故後は^{134}Cs（半減期2.1年）と^{137}Cs（半減期30.1年）の中間の速さで減少中。

11-2 分析対象となる放射性核種

分析する放射性核種

原発事故由来の主な放射性核種

核種	半減期	壊変形式	主なβ線のエネルギー(keV)と放出割合	主な光子のエネルギー(keV)と放出割合
^{90}Sr	28.79 y	β^-	546（100%）	
^{131}I	8.02070 d	β^-	248（2.1%），334（7.2%），606（89.5%）	284（6.1%），365（81.7%），637（7.2%）
^{134}Cs	2.0648 y	β^-	88.6（27.3%），415（2.5%），658（70.2%）	569（15.4%），605（97.6%），796（85.5%）
^{137}Cs	30.08 y	β^-	514（94.4%），1176（5.6%）	662（85.1%），32.1（5.8%），36.5（1.3%）

日本アイソトープ協会『アイソトープ手帳 11版』（丸善、2011）
^{137}Csの半減期はEvaluated Nuclear Structure Data File (ENSDF) Retrievalによる

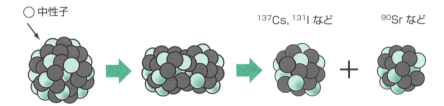

^{235}Uの原子核は大小2つに分裂

中性子 → → ^{137}Cs, ^{131}I など ＋ ^{90}Sr など

医療や研究に利用される主な放射性核種

核種	半減期	壊変形式	供給量（2014年度）	用途
^{3}H	12.32 y	β^-	149 GBq	実験
^{14}C	5.70×10^3 y	β^-	129 GBq	実験、年代測定
^{32}P	14.263 d	β^-	73 GBq	実験
^{35}S	87.51 d	β^-	39 GBq	実験
^{40}K	1.251×10^9 y	β^-，電子捕獲	（天然に存在）	年代測定（^{40}Arとの比）
^{99}Mo-^{99m}Tc	65.94 h	β^-	80 TBq*	医療（^{99m}Tcジェネレータ）
^{99m}Tc	6.015 h	β^-，内部転換	299 TBq*	医療
^{123}I	13.2235 h	電子捕獲	33 TBq*	医療

日本アイソトープ協会『アイソトープ手帳 11版』（丸善、2011）より
日本アイソトープ協会『アイソトープ等流通統計2015』より
＊放射性医薬品（*in vivo*）の供給量

11-3

ベクレルとシーベルト

放射線量の測定値が報道されるとき、その単位として主にベクレルとシーベルトが使われています。それぞれどのような意味を持つ単位でしょうか。

▶▶ 放射能を表すベクレル、人体への影響を表すシーベルト

前述したとおり1秒間当たりの壊変の回数を表す単位がベクレルです。壊変の頻度は核種ごとに固有なので、ある核種が何ベクレル存在するかわかれば、原子の個数や質量に換算することもできます。比較的わかりやすい単位といえます。

いっぽう、放射線の人体への影響の度合いは線種やエネルギーによって異なりますから、それらも加味した尺度が必要です。そのために定義されているのが組織や臓器に対する**等価線量**であり、単位としてシーベルト（Sv）が用いられています。β 線と γ 線の場合は、照射された組織・臓器1kg当たり1Jのエネルギーを与える放射線量が1Svです。年間の許容被ばく線量は1mSvとされていますが、これは体重50kgとすると0.05J、重力に抗して100gの物体を5cm持ち上げる仕事量と同じです。直感的にはきわめて少ないエネルギーですが、放射線はこのような量でも人体に影響を与え得ると考えられていることがわかります。なお、α 線と中性子線の場合はより影響が大きいと考えられるため、吸収された線量に対して、線質に応じた係数（5～20）を乗じて等価線量を計算することになっています。

▶▶ 実用的には線量当量

等価線量は人の身体が吸収する線量ですから、実際に測定することは容易ではありません。そこで、モニタリングのための実用量として、**線量当量**が使用されています。人体と等価な元素組成の球（直径30cm）を放射線場に置いたとき、その表面からの各深さでの吸収線量を70μm線量当量、3mm線量当量、1cm線量当量と呼び、それぞれ皮膚、眼、その他の体の部分の等価線量に対応するものとして扱います。空間線量の測定には、単位時間当たりの放射線量を表す**1cm線量当量率**（単位μSv/hなど）が主に用いられます。

11-3 ベクレルとシーベルト

シーベルトの計算

吸収線量（単位：グレイ、Gy）

様々な物質の単位質量当たり吸収されるエネルギーで表す。単位グレイGy(J kg^{-1})。
どんな物質や臓器に対する吸収線量か明らかにして示す。

線量当量への換算

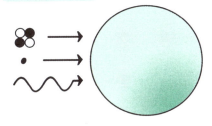

ICRU球
直径30 cm、人体組織と等価な物質より成る
ICRU:国際放射線単位測定委員会の略称

深さ70 μmでの吸収線量 …皮膚
深さ3 mmでの吸収線量 …眼
深さ1 cmでの吸収線量 …皮膚と眼以外

に対応する(単位Gy)

線種に応じた係数をかけて線量当量を求める(単位Sv)
β線、γ線、X線 …1
α線 …20
中性子線 …5〜20
（エネルギーによる）

サーベイメータはベクレルでなく直接1 cm線量当量率を表示するものが多いよ

11-4
放射線を検出する仕組み

人間の目や耳で感じることができない放射線ですが、様々な検出装置が実用化されています。測定目的や放射線の種類、エネルギー、線量などによって、使用する装置は異なります。

▶▶ 場所や物体表面付近の放射線量を測定する装置

常時監視を目的として、原発周辺を始めとする各地に**モニタリングポスト**が設置されています。また、比較的高い汚染が予測される区域に入っていく作業者や取材者が**サーベイメータ**を使う映像もよく目にします。これらの施設や装置には空間放射線量を測定する機能が備えられています。これらの測定原理としてよく利用される**電離箱**、**GM計数管**、**シンチレーション検出器**の仕組みを右ページ下図にまとめました。装置ごとに測定対象の線種やエネルギーや線量の範囲に応じた素材や構造になっており、測定目的に応じた装置を選ぶことが大切です。また、標準線源を用いた定期的な**校正**が必要です。一般に、気体の電離を利用する検出器はγ線の検出効率が低くなります。

▶▶ 水や食品中の放射性物質を測定する装置

飲料水や食品に対しては、核種が同定でき高い感度が得られる装置が必要です。核種の同定はγ線のエネルギーを測定することにより行います。γ線は透過性が高くエネルギーは線スペクトルであるため、同定に利用できます。

放射性セシウムのスクリーニング用としてはNaI(Tl)シンチレーション検出器＊が、厳密な測定のためには高純度ゲルマニウム（Ge）を使用した**半導体検出器**が主に用いられています。Ge半導体検出器はエネルギー分解能が高く多種類の核種を同時に定量可能です。ただし液体窒素が必要で高価格です。NaI(Tl)シンチレーション検出器は液体窒素が不要で比較的安価です。γ線は原子量が大きい原子と相互作用しやすく、Ge半導体はSi半導体よりも検出効率の点で有利です。同様にNaIも原子量の大きいよう素を含みますので検出効率が高くなります。Ge半導体検出器もNaI(Tl)シンチレーション検出器も、鉛容器などにより環境からの放射線を遮蔽する構造になっています。

＊ **NaI(Tl)シンチレーション検出器** NaIの結晶に微量のタリウム（アクチベータ）が含まれており、蛍光を発するのはタリウム。

11-4 放射線を検出する仕組み

放射線を検出する仕組み

各種施設・装置

モニタリングポスト
電気事業連合会『原子力・エネルギー図面集』より

サーベイメータ（写真はGM管式）
株式会社日立製作所　提供

米の全数検査装置（BGOシンチレータ利用）
御稲プライマル株式会社　提供

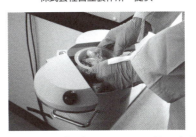

食品の検査装置（写真はNaI(Tl)シンチレータ式）
見せます! いわき情報局　提供

測定原理

電離箱・GM管
内部は気体

シンチレーション検出器
NaI(Tl)など

半導体検出器
高純度Geなど

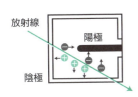

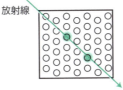

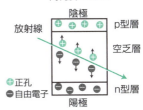

電圧が低いとき（電離箱）
1イオン対が電極に到達すれば $1.60×10^{-19}$ Cの電流が流れる
電圧が高いとき（GM計数管）
ガス増幅により1イオン対だけでも大きなパルスが得られる

放射線のエネルギーを吸収して蛍光を放出する物質（シンチレータ）を利用

放射線により電子・正孔対が生じて電流が流れる。固体電離箱ともいわれる

11-5

食品・水中の放射性物質分析の手順

γ線を放出する核種の測定では、抽出や精製などの前処理は通常不要です。しかし、試料の「形」を標準試料とそろえなければならないという放射性物質ならではの注意点があります。

▶▶ 試料自体が放射線を吸収

^{137}Cs及び^{134}Csはβ線も放出しますが、測定のターゲットは透過力が高いγ線です。ただしγ線も一部は試料自体に吸収されます。そのため、放射線量が既知の標準試料を使って、その測定値と未知試料の測定値との比較から精確な放射線量を求めます。この際に試料形状や試料と検出器との位置関係を標準試料とそろえる必要があり、プラスチック製の**マリネリ容器**が用いられます。

▶▶ 測定手順

Ge半導体検出器を利用して食品中の放射性セシウムを測定する手順は口絵P.5に掲載したとおりです。試料を切り刻むなどして容器に詰められる大きさにし、表示されている線まで詰めます。この際、容器の汚染を防ぐためにポリ袋を容器内部にセットしている施設が多いようです。これを装置にセットして、試料の放射線量に応じた時間をかけて測定します。スペクトルから核種を同定して各核種の存在量を計算するところまで自動化されています。複数の核種が混在していても同定が可能です。他の分析法と同様に、装置の汚染や試料どうしの汚染に注意して試料を扱います。

▶▶ 測定値のばらつき

放射性核種の壊変は確率的な現象であるため、常に一様に起こるわけではなく、ランダムに起こります。したがって測定結果はある範囲でばらつきます。平均してn回の壊変が観察される試料の場合、その標準偏差は$\sqrt{n}$になります。例えば100回の壊変では標準偏差は10（相対標準偏差10%）、10,000回の壊変では100（相対標準偏差1%）です。すなわち測定時間をかけるほど測定値の精確さは向上します。どの程度の誤差が許容されるかを確認しながら測定時間を決める必要があります。

11-5 食品・水中の放射性物質分析の手順

食品や水の分析手順

基準値の変化

放射性セシウムの暫定規制値(Bq/kg)

食品群	規制値
野菜類	500
穀類	500
肉・卵・魚・その他	500
牛乳・乳製品	200
飲料水	200

2012年4月1日から施行の基準値(Bq/kg)

食品群	基準値
一般食品	100
乳児用食品	50
牛乳	50
飲料水	10

マリネリ容器

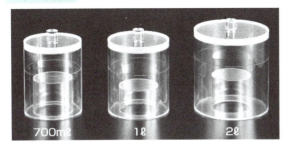

中央のくぼみ部分を半導体にかぶせるようにしてセットする

株式会社サンプラテック　提供

装置によるデータの違い

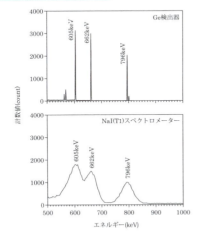

Ge半導体検出器の方が分解能が高いんだね

NaI(Tl)シンチレーション検出器は高感度で比較的安価だよ

^{134}Cs及び^{137}Csを含む同じ試料のスペクトルデータ
国立研究開発法人日本原子力研究開発機構　提供

11-5 食品・水中の放射性物質分析の手順

COLUMN 放射性ストロンチウムの分析

原発事故で放出された核種の中で放射性ストロンチウムはカルシウムと性質が似ているため骨に沈着しやすく、半減期も長い（^{90}Srは約29年）ことから人体への影響が懸念される核種です。しかしγ線を放出しないため分析は簡単でありません。原発事故が起こった当初、「放射性ストロンチウムの分析には1か月かかる」といわれていました。いったいどんな試験操作のために1か月も？と疑問に思った方もいるでしょう。

もちろんβ線を検出できる状態まで精製する試験操作も複雑ですが、^{90}Srが^{90}Y（イットリウム90）に変化して放射平衡に達するまで待つ期間が必要なため時間がかかります。その後、ICP-MSを利用して約30分で^{90}Srを直接分析する方法が発表され、雨水などのきょう雑成分の少ない試料から導入されています。

^{90}Sr分析の前処理（イオン交換法による分離）
公益財団法人 日本分析センター ウェブサイトより

第12章

データ処理と品質保証

分析値は報告されることによって初めて働きます。どんなに機器が高度になっても、最後にデータを吟味して分析（分析値）を仕上げるのは人間。分析で最も大切な「正しさ」を確保するのは分析者自身です。

12-1

有効数字と数値の丸め方

電卓で割り算をすると表示部いっぱいに数字が並びますが、意味があるのは上の桁から数個のみです。データ処理の基本中の基本、有効数字から確認しましょう。

▶▶ 有効数字の基本

有効数字は、JIS K 0211：2013分析化学用語（基礎部門）では「測定結果などを表す数字のうちで、位取りを示すだけのゼロを除いた意味のある数字」と定義されています。測定器具や装置には性能上の限界がありますから、化学計算で扱う数値の有効数字はたいてい3桁か4桁程度です。

ホールピペットやメスフラスコには**許容誤差**が表示されていますから、その桁数までが有効数字と考えられます。例えば2mLのホールピペットで許容誤差が±0.01mLならば、そのピペットではかる水の量の有効数字は2.00です。また、メスシリンダーやビュレット、アナログ式の分光光度計などは最小目盛の10分の1まで読みます。

有効数字を明確に示すためには、桁数の大きい整数は10のべき乗を利用して表します。例えば16 000は、これだけでは有効数字が16、160、1600、16000のうちどれなのかわかりません。1.60×10^4と表すことで明確になります。

▶▶ 数値の丸め方

デジタル表示の測定値や割り算の結果は**丸める**必要があります。数値の丸めとは、いわゆる「四捨五入」です。日常生活の四捨五入では丸める位の数値が1〜4なら切り捨て、5〜9なら切り上げます。しかしこのようにすると、切り上げる場合のほうが若干多くなり、大きいほうへ偏りが生じます。そこで、**丸められる数字がちょうど5の場合は、その上の位の数字が偶数になるように**＊切り上げまたは切り捨てを行います。例えば小数点以下2桁に丸める場合、1.225は切り捨てて1.22に、1.235は切り上げて1.24にします。この規則は丸める端数がちょうど5の場合だけで、1.2251は普通の四捨五入と同じ1.23になりますから注意してください。

計算を行う場合、丸めはできる限り途中でなく最後に行います。加減算は位を基準に、有効数字の末尾が最も高い位にある数字に合わせて丸めます。乗除算は桁数

＊**丸めの規則** JIS Z 8401の規則A。ただし、ばらつきの非常に小さいデータ群などは規則B（単純な四捨五入）が向く。

12-1 有効数字と数値の丸め方

を基準に、有効数字の桁数が最も少ない数字に合わせて丸めます。

数値のあつかい

メスシリンダーやビュレットは最小目盛の10分の1まで読む

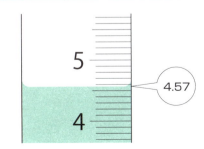

普通の四捨五入は大きいほうへ偏る

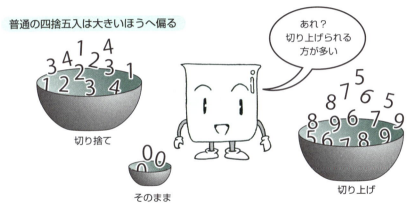

計算結果の有効数字

加減算の場合

$$3.56 + 14.543 + 0.0037 = 18.1067 \fallingdotseq 18.11$$

有効数字の末尾が最も高い位にある数字にあわせる

乗除算の場合

$$3.56 \times 14.543 \times 0.0037 = 0.191560396 \fallingdotseq 0.19$$

有効数字の桁数が最も少ない数字にあわせる

12-2

検量線① 基本の作成法

検量線を描くソフトは分析装置に付属していますが、方眼紙を使った手描きの検量線を描いたことのない人は、一度チャレンジしてみることをお奨めします。

▶▶ 検量線の引き方

検量線作成は化学の専門教育課程で必ず履修する内容です。手順は次のとおりです。
❶ 検量線用の標準液＊（濃度ゼロも含む）を調製して測定を行う。（練習の場合は、直線に乗りやすい吸光光度計やHPLCのデータがよい。）
❷ 方眼紙・鉛筆・消しゴム・定規を用意。
❸ 方眼紙に横軸を引いて濃度の目盛を付ける。
❹ 縦軸を引いてレスポンスの目盛を付ける。
❺ 標準溶液のデータ点を書き込む。（濃度とレスポンスの交差する点に。）
❻ 定規でデータ点のすべてに対して公平になる直線（検量線）を引く。
❼ 縦軸の試料データのレスポンスの数値に相当する点に印を付ける。
❽ 印から右へ直線を引き、検量線と交差した点から垂直に下に降ろす。
❾ 垂線と横軸が交わった点の濃度を読む。これが試料溶液の濃度。

▶▶ 標準添加法

原子吸光法やガスクロマトグラフィーなど、測定法によっては試料マトリックスがレスポンスに強く影響して標準液と試料液とでレスポンスが異なる場合があります。

このようなときには**標準添加法**が使われます。標準添加法では、上の❶～❾の手順のうち次の部分を変更します。
❶ 何点かの既知濃度の分析対象物質を含む試料液を調製して測定を行う。
❹ 縦軸は横軸の左端でなく中央寄りの位置で交わるように引く。
❻ 検量線は横軸と交わる点まで延長して引く。
❼❽ 不要
❾ 検量線と横軸が交わった点の濃度（負の値）の符号を正に変えたものが試料中濃度。

＊**標準液** 検量線用標準液（練習用）はブランク以外に少なくとも3点か4点以上調製する。

12-2 検量線① 基本の作成法

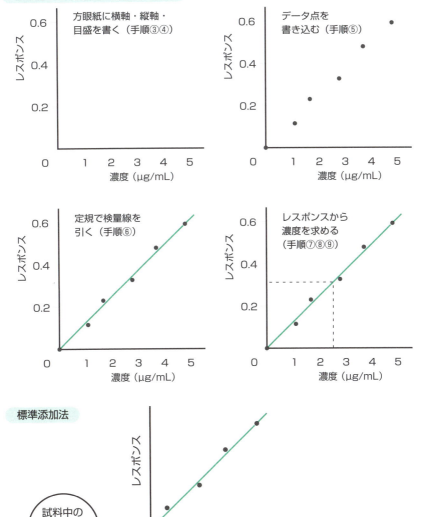

12-3 濃度の計算

検量線から読み取った試料液の濃度がそのまま分析値として報告できることはあまり多くありません。試料採取量などから試料中濃度を計算する必要があります。

▶▶ 濃度計算：3つの鉄則

試験法の中には非常に工程が長いものもあり、途中でいろいろな数字が登場して惑わされます。3つの鉄則を押さえましょう。

● 鉄則Ⅰ　試料採取量と最終試料液量に着目する

最初と最後だけを見て、結局何gの試料から何mLの試料液を調製したのかを確認します。そして検量線から読み取った試料液中濃度を使って、次の式で濃度を算出します。（単位は例。）

$$試料中濃度 (\mu g/g) = \frac{試料液中濃度 (\mu g/mL) \times 最終試料液量 (mL)}{試料採取量 (g)}$$

ところで試験法の中には途中で試料の一部だけを取り出すものもあります。右ページ下図の例では抽出液を100mLにし、そこから20mLを取り分けています。

● 鉄則Ⅱ　分取する工程があれば、実際に試料液調製に使われた試料量を考える

この場合は20.0gの試料を採取して20/100を分析に使ったのですから、実際の使用量は4.0gとなります。この量を試料採取量と考えて計算します。

● 鉄則Ⅲ　単位には特に注意する

濃度計算でいちばんミスをしやすいのは単位。SI接頭語を取り違えるだけで1000倍の違いになります。重々注意しましょう。

間違えないためには、一連の計算で使う単位を統一するのがよいでしょう。あくまで0.0000231と小数のみを使うのか、2.31×10^{-5}のようにべき乗を使うのか、23.1pgのように計算途中でも接頭語を使うのか。混在させるとミスの確率が高くなります。

● コツ　迷ったら　濃度よりも絶対量

わからなくなったら濃度よりも絶対量（何mg、何μg含まれるか）を考えましょう。

12-3　濃度の計算

濃度計算の手順

例1）HPLCによる動物用医薬品等の一斉試験法（畜水産物）

試料5.00g　←試料採取量
　　｜＋　アセトニトリル30mL、アセトニトリル飽和n－ヘキサン20mL
　　　　　無水硫酸ナトリウム10g
ホモジナイズ、遠心分離
アセトニトリル層分取、アセトニトリル20mLで再度抽出
振とう、遠心分離
アセトニトリル層を合わせる
　　｜＋　n－プロパノール10mL
濃縮、溶媒除去
　　｜＋　アセトニトリル・水混液（4：6）1.0mL
　　｜＋　アセトニトリル飽和ヘキサン0.5mL
遠心分離
アセトニトリル－水層分離
試験溶液（1.0mL）　←最終試料液量

ややこしそうな分析法も、計算に使う数字は案外少ないね！

例2）GC/MSによる農薬等の一斉試験法（果実、野菜、ハーブ）

試料20.0g　←試料採取量
　　｜＋　アセトニトリル50mL、20mL（2回抽出）
ホモジナイズ、吸引濾過
　　｜＋　アセトニトリル（正確に100mLとする）
抽出液20mLを分取　←分取
　　｜＋　塩化ナトリウム10g、0.5mol/Lりん酸緩衝液（pH7.0）20mL
振とう
アセトニトリル層分取
無水硫酸ナトリウムで脱水
40℃以下で濃縮
　　｜＋　アセトニトリル及びトルエン（3：1）混液2mL
ミニカラム（ENVI-Carb/LC-NH2）
　　｜＋　アセトニトリル及びトルエン（3：1）混液20mLで溶出
40℃以下で1mL以下に濃縮
　　｜＋　アセトン10mL、5mL（2回溶媒除去）
　　｜＋　アセトン及びn－ヘキサン（3：1）混液
正確に1mL　←最終試料液量
試料溶液

12-4 平均と標準偏差

科学計算では複数のデータから傾向を考察したり何らかの結論を導いたりすることがよくあります。これを統計処理といい、中でも最もよく使われるのが平均と標準偏差です。

▶▶ なぜ標準偏差を計算するのか

複数のサンプルの分析結果や繰り返し実験の結果を解析する際には**平均**と**標準偏差**を使います。平均を算出するには、ごぞんじのとおりすべてのデータを合計したものをデータ個数（n個）で割ります。平均 $\overline{x}$ はエックスバーと読みます。

$$\overline{x} = \frac{(x_1 + x_2 + x_3 + \cdots + x_n)}{n}$$

また、各データから $\overline{x}$ を差し引いて2乗したものを総和し、$n-1$で割って平方したものが標準偏差 s です。標準偏差はSDと略されることも多く、データのばらつきを表す数値です。

$$s = \sqrt{\frac{\{(x_1 - \overline{x})^2 + (x_2 - \overline{x})^2 + \cdots + (x_n - \overline{x})^2\}}{(n-1)}}$$

なぜわざわざこのようなややこしい計算をするのでしょうか？　データのばらつきなら、最大値と最小値だけを使って表してもいいのではないでしょうか？

実は、標準偏差を使うことによって**正規分布**の性質を利用することができ、たいへん便利なのです。右ページ上図のグラフはすべて正規分布です。自然界で起こる事象は正規分布に従う場合が多いことが知られています。正規分布しているデータは、平均値が高くても低くても、ばらつきが大きくても小さくても、同じ形に変換できます。また、標準偏差を使って表した測定値の分布は右ページ下図のように一定しています。

あまり面白くない例かもしれませんが、学力テストなどの「偏差値」は標準偏差の利用法として最も身近でしょう。偏差値は、平均点が50、平均＋SDが60、平均－SDが40になるように得点を換算したものです。受験者の得点全体が正規分布になっていれば、偏差値の分布は常に同じ形になるので、過去の模擬試験の成績と比

較したり、本番の受験での合格可能性を予測したりしやすいのです。

正規分布と標準偏差

正規分布

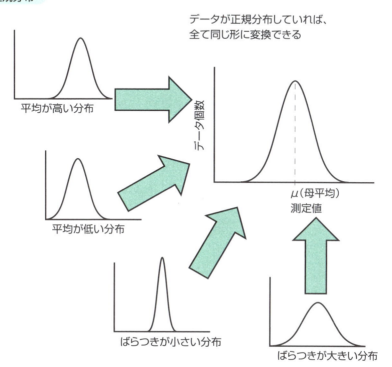

正規分布におけるデータ個数の比率

σ：母集団の標準偏差

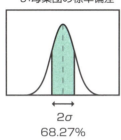

2σ
68.27%

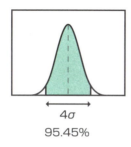

4σ
95.45%

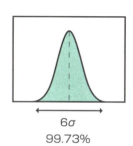

6σ
99.73%

12-5
母集団と標本

化学分析ではすべての対象のデータを得ることはほとんどなく、一部を抜き取った標本のデータを扱います。本当に知りたいのは標本ではなく母集団のほうですから、くれぐれも忘れないように。

▶▶ 全部を分析するわけにはいかない

学力テストや国勢調査のように知りたい対象のデータをすべて集める方法を**全数調査**[*]といいます。しかし化学分析で全数調査を行うことは稀で、多くの場合、一部をランダムに取り出したものを扱います。

例えば工場で生産された製品すべての成分値を知りたくても、分析したら商品価値がなくなってしまいます。そこで100個に1個とか1000個に1個だけ抜き取って検査します。あるいは、ある化学反応の普遍的な回収率を知りたくても、実験を無限回繰り返すのは無理ですから、有限回の実験結果から推定します。

対象とするデータの全体を**母集団**、抜き取ったものを**標本**といいます。母集団の平均（母平均）はμ、標準偏差はσで表し、標本の平均は$\overline{x}$、標本の標準偏差はsで表します。標準偏差の二乗であるσ^2は**分散（母分散）**、s^2は**不偏分散**といいます。実験結果を表す場合は、sを$\overline{x}$で割った**変動係数CV (%)** または**相対標準偏差RSD (%)** もよく使われます。

▶▶ 標本の性質と母集団の性質の関係

母集団の平均と標本の平均とはどんな関係にあるのでしょうか？　母集団からn個の標本を抜き出して標本平均$\overline{x}$を算出することを繰り返すと、$\overline{x}$の値は1回1回ばらつきますが、母平均μのまわりに分布します。

では、標本の個数nにはどんな意味があるのでしょうか？　$\overline{x}$の標準偏差（xの標準偏差ではないことに注意！）は、母集団の標準偏差σの$1/\sqrt{n}$に等しくなることが知られています。つまり標本の個数nが大きいほど標本平均$\overline{x}$のばらつきは小さく、したがって母平均μに近い値が得られると期待できるわけです。これは「サンプル数が多い測定ほど信頼できる」という、日常の経験で感じることと合致します。

---

[*]**全数調査**　全数調査では標準偏差の計算において$n-1$で割る代わりにnで割る。

12-5 母集団と標本

母集団と標本の関係

母集団と標本

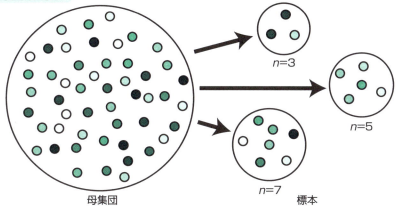

母集団と標本の平均、分散、標準偏差

	母集団	標本
平均	μ	$\bar{x}$
分散	σ^2	S^2
標準偏差	σ	S

性質1　$\bar{x}$ の期待値は μ に等しい

$$E[\bar{x}] = \mu$$

性質2　$\bar{x}$ の分散は σ^2 の $\dfrac{1}{n}$ に等しい

$$V[\bar{x}] = \frac{\sigma^2}{n}$$

したがって $\bar{x}$ の標準偏差は σ の $\dfrac{1}{\sqrt{n}}$ に等しい

$$D[\bar{x}] = \frac{\sigma}{\sqrt{n}}$$

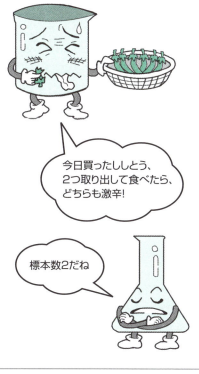

今日買ったししとう、2つ取り出して食べたら、どちらも激辛!

標本数2だね

12-6
誤差

測定には必ず誤差がつきまといます。誤差には系統誤差と偶然誤差があります。偶然誤差は多くの場合正規分布すると考えられます。

▶▶ 系統誤差と偶然誤差

誤差という言葉は日常会話でもよく使います。「そんなのは誤差の範囲だ」などといいます。JIS K 0211：2013には「測定値から**真の値**を引いた差」と定義されています。そして真の値は「ある特定の量の定義と合致する値」とされており、備考で「特別な場合を除いて観念的な値で、実際には求められないので、真の値とみなし得る値を用いることがある」と述べています。

真の値と測定値との関係を図に描くと、右ページ上図のとおり的に鉄砲の弾を命中させるのに似ていると考えられます。最もありそうなのは、的の中央の周囲に弾がばらつく場合でしょう。このように偶然の要因によって生じる誤差を**偶然誤差**といいます。偶然誤差しかなければ、多数回の測定値の平均は真の値に近づいていきます。

いっぽう、的の中央をはずれた位置の周りに弾がばらつくこともあります。このような誤差は**系統誤差**といいます。系統誤差は、測定機器や測定条件などに問題があって生じます。偶然誤差と違って、多数回の測定を行っても真の値に近づきません。測定値の平均がどれだけ真の値に近いかを**真度**、どれだけばらついているかを**精度**、真度と精度を含めた総合的な良さを**精確さ**といいます。

誤差のある数値どうしを足したり掛けたりすると、算出された数値も誤差を持ちます。これを**誤差の伝播**といい、誤差が正規分布するならば一定の法則（誤差法則）に従います。加減算・乗除算それぞれの場合について、右ページ下図に示しました。

▶▶ 分析値の質を公式に表すときには使わない

誤差は統計学上重要な概念ですが、真の値を知ることができないため、また、必ずしも定義が統一されていないために、個別の測定値の質を公式に表す言葉としては使われなくなりました。現在では測定値の精確さは**不確かさ**（12-12項）で表すのが国際的に合意されたルールです。

真の値と誤差

真の値と測定値の関係（射的のモデル）

真度良好、精度良好
偶然誤差（小）のみ

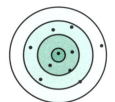

真度良好、精度不良
偶然誤差（大）のみ

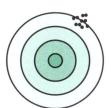

真度不良、精度良好
偶然誤差（小）＋系統誤差

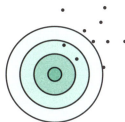

真度不良、精度不良
偶然誤差（大）＋系統誤差

偶然誤差の伝播（誤差法則）

> 測定量 a の標準偏差 σ_a
> 測定量 b の標準偏差 σ_b（以下同様に c、d ……）
> k、k_a、k_b…… 定数

加減算（線形組み合せ）
$y = k + k_a a + k_b b + k_c c \cdots$
y の標準偏差 σ_y は、
$$\sigma_y = \sqrt{(k_a \sigma_a)^2 + (k_b \sigma_b)^2 + (k_c \sigma_c)^2 + \cdots}$$

乗除算
$y = k a b / c d$
y の相対標準偏差 σ_y / y は、
$$\sigma_y / y = \sqrt{(\sigma_a / a)^2 + (\sigma_b / b)^2 + (\sigma_c / c)^2 + \cdots}$$

これは、どう役に立つの？

新しく実験をしなくても計算で誤差を求められるよ

12-7

検量線② 最小二乗法

誤差という概念を理解したところで、もう一度検量線を見直してみましょう。検量線のデータ点の一つひとつが誤差を持つなら、どのように線を引くのが適切でしょうか。

▶▶ 最小二乗法と相関係数

機器付属の検量線作成ソフトや科学計算ソフトを使って検量線を描く場合は、**最小二乗法**が基本になります。最小二乗法においては、右ページ上図に示すように各データ点から検量線に向かって上下方向に引いた線分の長さの二乗の和が最小になるように自動計算で検量線が描かれます。この方法は x 方向（濃度）の誤差はないものと考え、y 方向（レスポンス）の誤差のみを想定する描き方です。

各データ点が検量線によく一致しているデータの組を**直線性**がよいといいます。直線性の目安としては、**相関係数**（r）がよく使われます。相関係数は右ページ上図に示した式で算出します。相関係数は1が最大値で、1に近いほど直線性が良好といえます。ソフトによっては、相関係数の二乗に相当する**決定係数**を出力するものもあります。

▶▶ 重み付け最小二乗法

最小二乗法では各データ点を同等に扱いますが、これはそれぞれのデータが持つ誤差が同程度であるとの前提によります。ところが実際には、誤差は測定値の大小によって違っており、一般的に大きな測定値ほど誤差の絶対量も大きくなります。その結果、最小二乗法による検量線は大きな測定値の変動の影響を受けやすくなり、小さな測定値でのフィッティングが悪くなりがちです。

この影響を減らすために行われるのが**重み付け**です。重み付け最小二乗法では、各データに対して $1/y$、$1/y^2$ などの重みを付けて最小二乗法の計算を行い、検量線を引きます。こうすることによって小さな測定値をより重視して検量線を引くことになり、フィッティングが良くなります。右ページ下図には重み付けによって低濃度域でのフィッティングが改善した例を引用しました。

検量線に重みを付けるか付けないか、また、どのような重みを付けるかは状況に

12-7 検量線② 最小二乗法

応じて判断し、検量線作成ソフトのメニューから選びます。

最小二乗法

最小二乗法による検量線作成

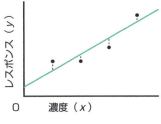

点線の長さの平方和が最小になるように検量線を引く

相関係数 r の計算式

$$r = \frac{\sum_{i=1}^{n}(x_i - \bar{x})(y_i - \bar{y})}{\sqrt{\sum_{i=1}^{n}(x_i - \bar{x})^2}\sqrt{\sum_{i=1}^{n}(y_i - \bar{y})^2}}$$

重み付け最小二乗法の実施例（3回の独立な測定における検量線）

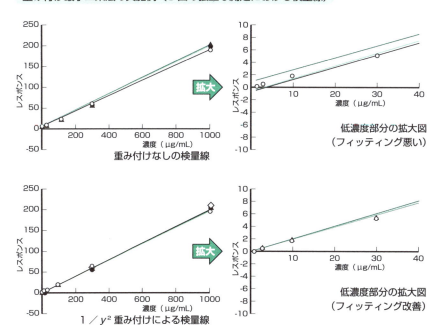

丹羽誠『これならわかる 化学のための統計手法』（化学同人、2008）参考

12-8
検出限界と定量範囲

各々の分析法には、これ以上低濃度（または少量）は検出できないという限界があります。官能による試験では実施者が知覚できる限界が検出限界となり、機器分析ではノイズやブランク信号とサンプルの信号とを識別できる限界が検出限界となります。

▶▶ ノイズから簡易に求める方法

分析法には**検出限界（LOD）**と**定量下限（LOQ）**と**定量上限***があります。定量上限から定量下限までの範囲を**定量範囲**といいます。

人の視覚や嗅覚で検出を行う呈色試験・比色試験・臭気試験などでは、ブランク試料との違いを知覚できる限界が検出限界となります。この限界を求めるには、何段階かの濃度の標準溶液を調製して試験を行い、試験実施者が対象物質の存在を確認できる最も低い濃度を検出限界とします。

いっぽう、機器分析の場合はブランク由来のレスポンスがLOD、LOQ設定の手がかりとなります。クロマトグラフィーのように連続したレスポンスが得られる測定法では、シグナル-ノイズ比（SN比）による方法が広く用いられています。上図のようにノイズの幅を測定し、その幅の3倍をLOD、10倍をLOQと定めるやり方です。この方法で自動計算する機能が付いている機器もあります。

▶▶ ブランク信号の標準偏差から求める方法

統計的な理論に基づく検出限界の決定法としては、ブランク信号の標準偏差（σ）に基づく方法があります。具体的には3.3σや3σのレスポンスに相当する濃度を検出限界とします。3.3σを検出限界とする方法は、「実際には含有されていないものを誤って検出したと判定する確率」と、逆に「含有されているのに見落とす確率」を共に5%とする方法です。

吸光光度法のように1点のみのデータを得る分析法ではSN比がわかりませんからσを使う方法をとることになります。

定量下限については、10σのレスポンスに相当する濃度とする方法、目的に応じた精度が得られる限界濃度を実験により求める方法などがあります。

***定量上限**　多くの分析法では、定量性が得られる上限の濃度がある。

検出限界と定量下限の決め方

SN比によるLOD、LOQの決定法

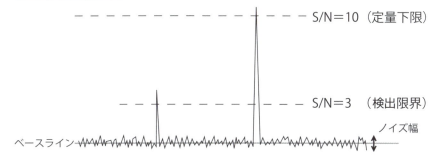

※ノイズ幅はこの図のように振れ幅そのものとする場合と振れ幅の2分の1とする場合とがある。

標準偏差からLODを決定する考え方

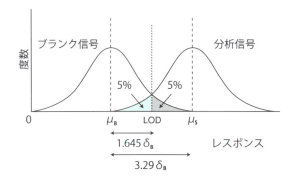

吸光光度法の場合（検量線の原点付近の拡大図）

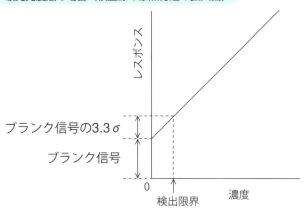

12-9 分析法の作成とバリデーション

新しい分析対象に対応するときや、新しい分析機器を導入したときには、分析法の検討が必要になります。どのようにして実際に用いる方法を決めたらよいのでしょうか？また、新規の分析法の妥当性はどうやって確認するのでしょうか？

▶▶ 目的に応じた真度と精度を確保

分析法の候補が複数存在する場合は、それぞれの方法で添加回収実験や標準物質（12-11項）の分析を行って結果を比較し、どちらを採用するか決めます。

けれども、例えばA法で1回だけ、B法でも1回だけ添加回収実験を行った結果、A法90％、B法85％の回収率だったとして、A法のほうが優れているといえるでしょうか？ 通常、1回きりの実験結果の比較では本当に差があるとはいい切れません。それに分析法の評価は回収率（真度）のみでは不十分で、変動が少ない安定した方法（精度がよい方法）であることも重要です。

A法とB法の真度の差を判定するためには**t検定**を、精度の差を判定するためには**F検定**を行います。（それぞれの検定法の詳細については統計の専門書を参照。）

ただし、分析法選定に当たっては費用、時間、試験室保有機器の種類や台数、人員なども重要なファクターなので、一定以上の真度と精度が得られれば検定による判断まではせず他の条件により選ぶ場合も多くあります。

▶▶ 分析法のバリデーション

新しく設計または改良した分析法は、分析目的を満たす十分な性能を持つか否かチェックしなければなりません。これを分析法の**妥当性確認**または**メソッドバリデーション**といいます。妥当性確認の項目例として、医薬品分析のバリデーションで挙げられているものを表に示しました。

バリデーションの一環として、分析法の検討過程と同様に添加回収試験または標準物質の分析を行います。結果の評価法の一つとして、次項で詳しく解説する**併行精度**と**室内精度**の算出があります。

12-9 分析法の作成とバリデーション

分析法の決め方

分析法の比較に用いる統計手法

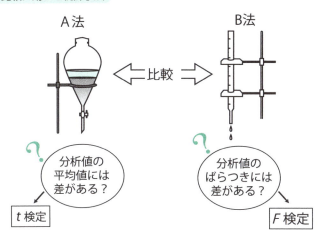

医薬品の分析法バリデーションに要求される事項

試験法のタイプ / 分析能パラメータ	確認試験	純度試験 定量試験	純度試験 限度試験	定量試験
真度	−	+	−	+
精度				
併行精度	−	+	−	+
室内再現精度	−	−*	−	−*
室間再現精度	−	+*	−	+*
特異性**	+	+	+	+
検出限界	−	−	+	−
定量限界	−	+	−	−
直線性	−	+	−	+
範囲	−	+	−	+

− 通例評価する必要がない。
+ 通例評価する必要がある。
* 分析法及び試験法が実施される状況に応じて、室内再現精度または室間再現精度のうち一方の評価を行う。日本薬局法に採用される分析法のバリデーションでは、通例、後者を評価する。
** 特異性が低い分析法の場合には、関連する他の分析法により補うこともできる。

第17改正日本薬局方(2016)『参考情報　分析法バリデーション』より

12-10
併行精度・室内精度の計算

分析法バリデーションにおいては、精度の指標として併行精度と室内精度がよく用いられます。これらの数値の意味と計算方法の概要を知っておきましょう。

▶▶ 同じものを繰り返し分析して精度を検証

ある分析法で同じものを何度も分析したときにどの程度一致した結果が得られるかを精度と呼びますが、「同じものの分析」にもいくつかのパターンがあります。同じ人が同じ試薬を用いてほぼ同時に複数の**試行（ラン）**を行った場合の測定値の一致度を**繰り返し性**または**併行精度**といいます。また、同じ試験室内で分析の日や試薬のロット、分析担当者などが違うランを行って求めた測定値の一致度は**室内精度**[*]と呼ばれます。さらに、同じ方法を使って異なる試験室で行われたランの一致度は**室間再現精度**と呼ばれます。

室間再現精度を求めるには大がかりな共同試験（コラボと呼ばれる）が必要ですから、分析法バリデーションにおいては室内精度と併行精度を求めることがよく行われます。

▶▶ 無限回繰り返した場合の分散を求める

室内精度は2つの成分から成ると考えられます。一つは併行精度 σ_r、そしてもう一つは試験実施日間の条件の違いによる精度 σ_d です。σ_r は無限回のランを併行して行って得られる試験値の標準偏差です。そして σ_d は、無限回の併行ランの「平均」を無限回分集めて得られる標準偏差です。無限回×無限回の実験を現実に行うのは不可能ですが、幸い σ_r も σ_d も有限回の実験から統計的に推論することができます。

具体的には中ほどの表のような実験データを使います。これは各実験日に2試行ずつの分析を5日間繰り返して得た測定値で、この10個のデータから σ_r と σ_d、そして室内精度を計算できます。このような解析を**一元配置の分散分析**といいます。

右ページ図はExcelを用いた場合の手順です。まずデータをシートに入力し、「データ－データ分析－分散分析：一元配置」を選択してデータ範囲を指定すると、グループ間分散やグループ内分散が自動的に表示されます。その数値から併行精度・室内精度を計算し、分析に求められている精度と比較して妥当性を確認します。

＊**室内精度**　前項で解説した日本薬局方の試験の場合は公的な分析法であるため、室間再現精度が優先される。

12-10 併行精度・室内精度の計算

併行精度・室内精度の計算方法

分析を無限回繰り返したら…

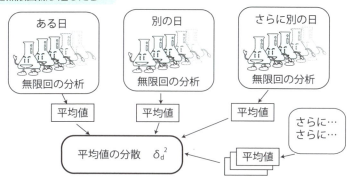

Excelを用いた併行精度・室内精度の計算例

元のデータ(2試行ずつ5日間試料を分析した結果)　　　　　　単位　μg/g

	1日	2日	3日	4日	5日
1回目	0.534	0.675	0.702	0.648	0.611
2回目	0.508	0.707	0.710	0.579	0.569

データの総平均　：　0.6243

Microsoft Office Excel による分散分析(一元配置)の結果
分散分析表

変動要因	変動	自由度	分散
グループ間	0.0461756	4	0.0115439
グループ内	0.0041445	5	0.0008289
合計	0.0503201	9	

① 併行精度の算出
グループ内分散の平方根から併行精度 σ_r を算出

$$\sigma_r = \sqrt{0.0008289} = 0.02879 \quad \mu g/g$$

データの総平均で割って
　　併行精度(RSD%)＝(0.02879/0.6243) × 100 ＝ <u>4.6</u> ％

② 室内精度の算出
グループ間分散からグループ内分散を差し引き、1日当たりの試験回数2で割って、各日における母平均の分散 σ_d^2 を算出

$$\sigma_d^2 = (0.0115439 - 0.0008289) / 2 = 0.0053575$$

σ_r^2 と σ_d^2 を足したものの平方根から室内精度を算出

$$\sqrt{\sigma_r^2 + \sigma_d^2} = \sqrt{0.0008289 + 0.0053575} = 0.07865 \quad \mu g/g$$

データの総平均で割って
　　室内精度(RSD%)＝(0.07865/0.6243) × 100 ＝ <u>12.6</u> ％

12-11
標準とトレーサビリティ

分析法がどんなに完璧でも、その分析に使う標準が間違っていたら分析結果は誤ったものになります。国際標準に関係付けられる様々な標準が供給されています。

▶▶ 計量標準はJCSSによって供給される

化学分析で使う国際単位系（SI）は、1-4項で述べたとおり国際キログラム原器や光の波長によって定義されていますが、通常の分析でキログラム原器や光を直接尺度として使うわけには行きません。そこで**国際標準**及び**国家標準**（これらを一次標準という）、国家標準を基準にした二次標準、そのまた次の標準……という具合に**校正**し**値付け**を行って、日常的に使用する標準が作られます。このように切れ目のない連鎖でつながっていることを「**国際標準にトレーサブル**である」といいます。各標準には次項で述べる不確かさが付随します。

計量法では、**計量標準**などの校正を行う事業者の登録制度が定められています。これは**JCSS**（Japan Calibration Service System）と呼ばれる制度で、審査によって国際基準**ISO/IEC 17025**の要求事項などに適合しているとされた校正事業者が登録されます。登録事業は長さ、質量、時間、温度、電気など24区分あり、それぞれについて計量標準が供給されています。化学分析で最もよく利用されるのは質量の計量標準である標準分銅です。校正証明書には、JCSS標章が付けられます。

▶▶ 標準物質は公的機関やメーカーによって供給される

化学分析には様々な**標準物質**が必要です。標準物質には、ある化合物のみで構成される**純物質系標準物質***と、鉄鋼・海水・岩石などの組成を明らかにした**組成標準物質**があります。純物質系標準物質は標準溶液の調製や滴定に、組成標準物質は分析法の妥当性確認に用いられます。

標準物質の供給は公的機関、業界団体、試薬メーカー、学会などが行っています。それぞれの供給者が定めた基準による標準物質と、統一基準による認証を受けた**認証標準物質**とがあります。国内外で入手可能な標準物質は国立研究開発法人産業技術総合研究所計量標準総合センターウェブサイトで検索できます。

***純物質系標準物質**　水や有機溶媒など簡単な人工的マトリックスに溶けているものも含む。

12-11 標準とトレーサビリティ

標準とトレーサビリティとは

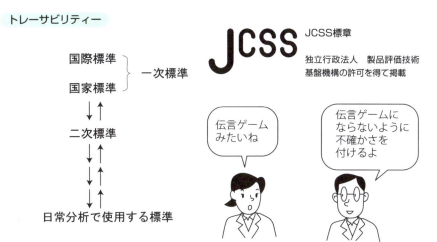

標準物質の分類（計量標準総合センターのデータベースRMinfoによる）

大分類	小分類
鉄鋼標準物質	鉄鋼産業の分析用の純金属標準物質、軟鋼、低合金鋼、高合金鋼、原材料、副生物、鋳鉄、特殊合金、鉄鋼産業用のその他の標準物質
非鉄標準物質	非鉄関係分析用の純金属標準物質、軽金属（Li、Be）、アルカリ金属、アルカリ土類金属、Al、Mg、Si及びその合金　等
無機標準物質	一般製品及び試薬（純物質）、鉱物、土壌、ガラス、窯業製品、セラミックス、無機繊維、建築材料：セメント壁材、肥料　等
有機標準物質	一般有機分析用の純物質標準物質、石油製品及び炭酸誘導体、基礎的化成品及び中間体、一般的な有機物：溶剤, ガス　等
物理的特性用標準物質	光学的特性の標準物質、機械的特性の標準物質、電気的及び磁気的特性の標準物質、周波数用の標準物質　等
生物標準物質	一般医薬品、臨床化学、病理学及び組織学、血液学及び細胞学、免疫血液学、輸血、移植、免疫学、寄生虫学、細菌学及び微生物学　等
生活関係標準物質	環境、食料品、消費者用製品、農業（土壌、植物）、法規制、犯罪学、その他の生活関係標準物質
産業用標準物質	原材料及び半製品、建築、公共土木工事、運輸、通信、電気、電子、コンピュータ産業、鉱石、無機原材料、計測及び試験技術　等

国立研究開発法人産業技術総合研究所計量標準総合センターのウェブサイトより

12-12
不確かさ

「不確かさ」とは専門用語らしからぬ言葉ですが、分析値の質を表す国際的に統一された用語です。誤差とどう違うのでしょうか。

▶▶ 誤差との違い

12-6項で述べたとおり、誤差は観念的な真の値と分析値との差です。これに対して**不確かさ**は、国家標準に対するトレーサビリティを確保した上で、真の値があると考えられる範囲を示します。

1993年に刊行された「計測における不確かさの表現ガイド」(Guide to the Expression of Uncertainty in Measurement, 略称：GUM、国際標準化機構など7つの国際機関の共著) では、「不確かさ」を「測定の結果に附随した、合理的に測定量に結び付けられ得る値のばらつきを特徴づけるパラメータ」と定義しています。

▶▶ 不確かさの求め方

不確かさを求めるには、まず不確かさの要因を洗い出し、それぞれについて**標準不確かさ**を求めます。標準不確かさには、実際の繰り返し実験の標準偏差を使うAタイプの不確かさと、見積もりによるBタイプの不確かさがあります。

不確かさは誤差と同様に合成することができます (右ページ下図の式)。合成したものを**合成標準不確かさ**といいます。そして合成標準不確かさに**包含係数** (多くの場合 $k = 2$) を掛けて**拡張不確かさ** U を算出します。

なぜ $k = 2$ とするのでしょうか？ $k = 1$ の場合、分析値 $\pm U$ の範囲に真値が存在する確率は約68%です。これは様々な社会的ニーズに応える数値として不十分でしょう。それに対して、$k = 2$ とした場合は、分析値 $\pm U$ の範囲に真値が存在する確率は約95%です。これは安全や信頼を確保する数値として社会的な合意が得られると考えられます。95%でも不十分として $k = 3$ が使われる場合もありますから、不確かさの付随情報には注意する必要があります。

不確かさ解析は、特に寄与が大きい項目を見出して分析の質を向上させるためにも利用されます。

12-12 不確かさ

誤差とは異なる不確かさ

不確かさの典型的な要因

- サンプリング(試料間のランダム変動、サンプリング操作のかたよりなど)
- 保管状態(保管期間、保管条件)
- 機器の影響(化学天びんの校正、機器の温度設定、自動分析装置の停止など)
- 薬品の純度(異性体や無機塩など)
- 想定される化学量論(予想される化学量論からの逸脱、不完全な反応など)
- 測定条件(温度による測定用ガラス器具の変化、湿度変化に敏感な物質など)
- 試料効果(マトリックスによる影響、分析種の安定性など)
- 計算の影響(検量線の形状、四捨五入など)
- ブランク補正(ブランク値、ブランク値の補正の適切さ)
- 分析者の影響(計器または目盛の読み取りが常に高いまたは低い傾向など)
- 偶然効果(測定におけるすべての不確かさに寄与)

日本分析化学会監訳、米沢仲四郎訳『分析値の不確かさ 求め方と評価』(丸善、2013)より

不確かさを求める手順

① 不確かさの要因を洗い出し、同定する

② それぞれの要因(成分)の標準不確かさを見積もる(u_1、u_2、u_3・・・)

③ すべての成分を合成した合成標準不確かさ u_c
$$u_c = \sqrt{u_1^2 + u_2^2 + u_3^2 \cdots}$$

④ 合成標準不確かさに拡張係数(通常$k=2$)を掛けて拡張不確かさUを算出
$$U = k\, u_c$$

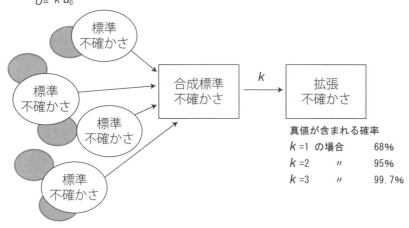

真値が含まれる確率
$k=1$ の場合　　68%
$k=2$ 〃　　95%
$k=3$ 〃　　99.7%

12-13
品質管理（精度管理）

分析値は日々生み出されるものであり、まったく同じ条件・同じ数値ということはありません。日々の分析値が正常に保たれているかどうかを常に確認し、異常があれば是正することを品質管理といいます。

▶▶ 品質管理の方法は多様

JIS K 0211：2013では**品質管理**を「製品、サービスなどの品質に関する目標を満たしていることを検証し、維持、改善を実施する行為」と定義しています。化学分析においては**精度管理**という言葉も長らく使われてきました。精度管理といっても、再現性を表す精度だけでなく正しさを表す真度も併せて管理することを指します。

化学分析が行われる場面や目的は様々ですから、品質管理の実施方法も多様です。基本となるのは、分析の際に**ポジティブコントロール**と**ネガティブコントロール**を併行して操作することです。ポジティブコントロールとは既知濃度の分析対象物質を含む試料のこと、ネガティブコントロールとは分析対象物質を含まない試料のことです。それぞれ、真度及び汚染を確認するために必要です。ポジティブコントロールは**管理サンプル（QCサンプル）**とも呼ばれます。

きわめて多数回の試験をまとまった期間行う場合は、分析値の室内精度が十分把握できますので、**管理図**による品質管理が可能です。これは上図のように管理サンプルの分析値に対して**管理限界**を設定して、それをはずれた場合は異常値と考えて分析を中止し、試薬や器具や測定装置などの点検を行うものです。

▶▶ 技能試験で確認

内部的な品質管理をより確かにするため、また、次項で述べる品質保証の一環として、**技能試験**が行われます。これは、分析対象物質を含む均一な試料（濃度はコーディネーターしか知らない）を多数の分析機関に配布してそれぞれ分析し、その分析値の一致の程度を検討するものです。

このデータの解析には**z値**が使われます。z値は標準偏差に相当する数値で、参照値からのはずれ具合を表します。一般的に分析値が参照値±$2z$または$3z$の範囲に

12-13 品質管理（精度管理）

入らない機関は分析技能に何らかの問題があると考えられ、対処が促されます。

品質管理をするために

管理図の例

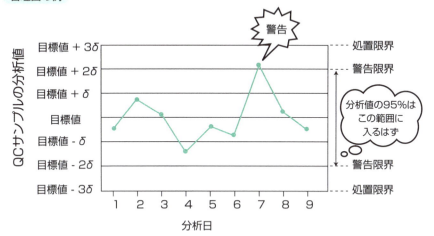

技能試験結果の例

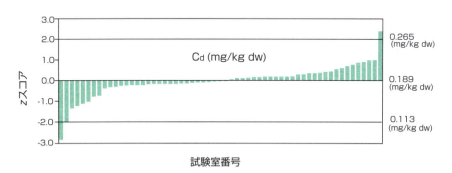

56試験室が参加して実施された技能試験の結果（2006年度）

国立研究開発法人農業・食品産業技術総合研究機構食品総合研究所　提供

12-14
品質保証（ISO, GLP）

分析値が管理されていることは、分析者が知っているだけでは不十分で、第三者にも明確にわかる状態であることが必要です。ISOやGLPはそのための枠組みを提供します。

▶▶ 分析の質をトータルにマネジメント

　古来、様々な産業や工芸で「匠」や「名人」が生まれてきました。また、「日本製」や「ドイツ製」は一般に高品質と受け止められてきました。しかし経済がグローバル化し、企業が多国籍化して、より客観的な品質の保証が求められるようになりました。分析の質についても同様です。スポーツ選手のドーピング検査や輸出入される農産物・工業製品の品質検査などでは、「分析値が本当に正しいのか？」が特に厳しく問われます。

　分析値の質を確保するためには、ここまで述べてきたように数値として見積もれる不確かさのみでなく、分析担当者への教育、検体の取り違えの防止、機器の使用履歴管理、文書の保存といったことまで含むトータルなマネジメント（品質保証、QA）が必要です。その体系には、主にGLPとISOがあります。

▶▶ GLPは強制規格、ISOは任意規格

　GLPはGood Laboratory Practice（優良試験所規範）の略です。これは何らかの規制を行うために政府が制定するものであり、分析機関はGLPに従わなければ実質的に業務ができません。例えば輸入食品の残留農薬検査の場合、基準値以下の結果が出ていても、それが食品GLPを満たさない機関の分析結果ならば無効でその食品の輸入はできません。このような規格は**強制規格**と呼ばれます。様々な分野のGLPを右下表に示しました。

　いっぽう、**ISO**はInternational Organization for Standardization（国際標準化機構）の略で、様々な規格への**認証**を与えます。環境規格のISO14000シリーズ、製品規格のISO9000シリーズは身のまわりにも表示のある製品が増えましたからなじみ深いものでしょう。分析機関に関しては、ISO17025に詳細な要件があります。ISO規格は取得を義務付けられるものではないため、**任意規格**と呼ばれます。

12-14 品質保証（ISO, GLP）

品質保証のために

品質保証体系で規定される主な事項(ISO/IEC 17025の場合)

管理上の要求事項	技術的要求事項
組織	一般
マネジメントシステム	要員
文書管理	職員の教育
依頼、見積仕様書及び契約の内容の確認	標準操作手順書(SOP)
試験・校正の下請負契約	施設及び環境条件
サービス及び供給品の購買	試験校正の方法及び方法の妥当性確認
顧客へのサービス	設備
苦情	測定のトレーサビリティ
不適合の試験・校正業務の管理	サンプリング
改善	試験・校正品目の取扱い
是正処置	試験・校正結果の品質の保証
予防処置	結果の報告
記録の管理	
内部監査	
マネジメントレビュー	

日本の主要なGLP制度

通称	規定する法令など
医薬品GLP	「医薬品の安全性に関する非臨床試験の実施の基準に関する省令」（平成9年3月26日厚生省令第21号）
農薬GLP	「農薬の毒性及び残留性に関する試験の適正実施について」（平成11年10月1日付11農産第6283号農林水産省農産園芸局長通知）
化学物質GLP	「新規化学物質等に係る試験を実施する試験施設に関する基準について」（平成23年3月31日、薬食発0331第8号・平成23・03・29製局第6号・環保企発第110331010号、厚生労働省医薬食品局長・経済産業省製造産業局長・環境省総合環境政策局長通知）
安衛法GLP	「労働安全衛生規則第34条の3第2項の規定に基づく試験施設等が具備すべき基準」（昭和63年9月1日労働省告示第76号）
食品GLP	「食品衛生検査施設における検査等の業務管理について」（平成9年1月16日付け衛食第8号厚生省生活衛生局食品保健課長通知）

12-14 品質保証（ISO, GLP）

COLUMN 有機溶剤による胆管がん

　2012年5月、大阪のある印刷会社で勤務した経歴のある人たちが相次いで胆管がんにかかり、一部は亡くなっていることが明らかになりました。胆管がんは通常は高齢者に多い病気ですが、20～40代の若い人たちに起こっていました。この人たちは全員が洗浄用として1,2-ジクロロプロパンを約4年から13年間にわたり使用していました。国が調査した結果、1,2-ジクロロプロパンが胆管がんの原因であった蓋然性が高いと認められ、労働災害として認定されました。2014年9月に印刷会社と労災被害者17名との和解が成立、うち9名は亡くなっていました。

　この事件を受けて「胆管がん問題を踏まえた化学物質管理のあり方に関する専門家検討会」が開催され、2013年10月に報告書が公表されました。この中で、危険な化学物質について労働者に適切に知らせるためのGHSラベルの普及、安全データシートの交付、リスクアセスメントの実施などが求められ、それを受けて関連法令が改正されました。13-1項で学ぶ安全のための制度は、尊い犠牲がきっかけとなって作られたのです。

1,2-ジクロロプロパンの構造式

第13章

ラボの常識と化学分析の極意

最終章では、安全・クリーン・確実に分析操作を行うためのバックグラウンドとなる知識を解説します。また、実験室でのマナーや化学分析に携わる人の心構えについても考えてみましょう。

13-1
安全に分析を行う

どんな種類の作業でもそうですが、分析の実習や業務でもいちばん大切なのは安全。分析操作をする本人と周囲の人の生命や健康や財産を損ねないよう、十分な注意を払わなければなりません。

▶▶ 実験室での服装と注意

　ラボ（研究室・試験室）によって違いますが、分析作業時には白衣または作業着を着用する規定・習慣があるところがほとんどでしょう。白衣は前のボタンを全部とめます。開いていたら防護用としての意味がなくなるし、何かを引っ掛ける恐れもあります。ガスバーナーや油浴を扱うときには、ナイロンなどの化学繊維の服を避けます。万一引火または熱い液体がかかったときに、融けて皮膚に癒着するからです。

　薬品が飛散するおそれのある作業では保護メガネをかけます。通常の近視・遠視用のメガネは保護用としては不十分です。通常のメガネの上から装着できる保護メガネや度付きの保護メガネが市販されています。

　履物は動きやすい運動靴などとします。サンダル（特にかかとのないもの）は足元が不安定になること、薬品や落下物から足を保護できないことから、不適当です。

　実験室では飲食・喫煙をしてはいけません。また、大学の学生食堂などでよく見かける光景ですが、白衣を着たまま食事をするのはやめましょう。白衣は危険な薬品や微生物から身を守るためのものですから、外側は汚れていると考えるべきです。それを身に着けたまま飲食をするのは自分自身が危険なだけでなく、周囲の人にも不安を与えます。

　有機溶媒や揮発性の試薬はドラフトチャンバー（次項）などの局所排気装置内で扱います。必要に応じてマスクや手袋も着用します。

▶▶ 試薬の取り扱いについての注意

　一定の危険有害性のある640物質（2016年現在）については、譲渡・提供時に**安全データシート（SDS*）**を交付することが義務づけられています。これらの物質には、化学分析によく使用される溶媒や酸、アルカリ、その他の試薬が多数含まれ

＊ SDS　2011年度まではMSDSと呼ばれていたが国際整合性の観点からSDSに統一された。

13-1 安全に分析を行う

安全のために

化学系実験室での服装

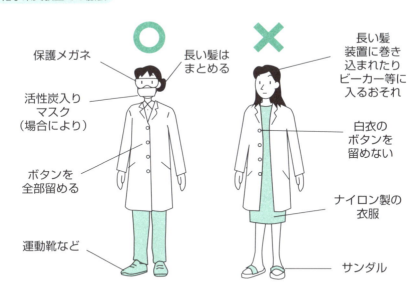

化学系実験室に関係のある主要な法令

建築・設備	化学薬品・標準品
建築基準法 建築物における衛生的環境の確保に関する法律（ビル管法） 高圧ガス保安法 消防法	化学物質の審査及び製造等の規制に関する法律（化審法） 毒物及び劇物取締法 特定化学物質の環境への排出量の把握等及び管理の改善の促進に関する法律（PRTR法）
労働安全衛生	環境保全
労働安全衛生法 労働安全衛生規則 有機溶剤中毒予防規則 特定化学物質等障害予防規則 石綿障害予防規則 作業環境測定法	地球温暖化対策の推進に関する法律 大気汚染防止法 水質汚濁防止法 下水道法 悪臭防止法 騒音規制法 廃棄物の処理及び清掃に関する法律

13-1 安全に分析を行う

ています。また、**GHS**（化学品の分類及び表示に関する世界調和システム）に基づく絵表示が付けられています。試薬を扱うときにはGHSとSDSに注意しましょう。さらに2016年6月からは、これら640物質を使い始めたり使い方を変更したりする事業場には**リスクアセスメント**が義務づけられます。

▶▶ 電気とガスに関する注意

　電源コンセントは、家庭と同じく、アースを取り、タコ足配線やたまったホコリへの引火に注意します。突然のブレーカーダウンや停電に備えて、分電盤の場所は知っておきましょう。たいてい実験室の電気系統は大きな分電盤にまとめられていますが、増設されたエアコンや機器類の分電盤だけ思わぬところに独立して設置されていたりします。日本国内の通常の電源は単相100Vですが、ドラフトチャンバーは三相交流電源（動力電源）使用の機種が多く、さらに、分析機器の中には200Vの単相電源を使用するものがあります。

　電気器具の中ではヒートブロック・ホットプレートなどの熱源が要注意です。エバポレーターなどに付属するウォーターバスは40℃以下の低温で使いますが、意外に危険です。長期の休み前に電源を切り忘れると、徐々に水が蒸発して空焚きになり、安全装置がない場合は周囲に引火するおそれがあります。

　高圧ガスは**高圧ガス保安法**で安全基準が定められています。ボンベの色は、水素は赤色、酸素は黒色などガスの種類ごとに塗り分けられています。また、圧力調整器を取り付けるねじの向きは水素とヘリウムのボンベだけ逆ねじになっています。

▶▶ 事故・火災・地震対策

　疲れた状態で分析操作をすると、正確な結果を出せないだけでなく思わぬ危険が生じます。特に夜間に一人で作業するのはやめましょう。作業環境は常に整理整頓することが事故防止につながります。万一薬品が目に入った場合は、すぐに大量の水で洗い流します。10分間は洗い、眼科を受診します。

　消火器の置き場と使い方を日ごろから確認しておきます。避難経路に物を置いてはいけません。地震に備えて試薬棚に安全柵を付けたり、特に危険な試薬入りのボトルは緩衝材を巻く、あるいは受け皿の上に置くようにします。

13-1 安全に分析を行う

知っておくべきことがら

GHS絵表示

 可燃性または引火性ガスなど

 爆発物など

 高圧ガス

 急性毒性（区分1〜区分3）

 呼吸器感作性、発がん性など

 急性毒性（区分4）

 水生環境有害性

 金属腐食性、皮膚腐食性など

 支燃性・酸化性ガスなど

安全のための注意

タコ足配線を避ける

SDSに目を通す

ウォーターバスの電源切り忘れに注意

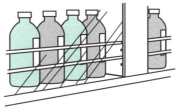

試薬棚に安全柵

13-2

廃棄物の処理

化学分析の多くは、人間の暮らしを安全で豊かにするために行われます。その過程で出される廃棄物が環境を汚すようなことがあっては本末転倒というもの。廃棄物排出のルールを守りましょう。

▶▶ 固体・液体状廃棄物の処理法

最近は家庭のごみを出すにも分別が細分化されてきました。実験室の廃棄物は昔から管理されていますが、近年は益々厳しくなっています。

廃棄物は分析の内容によって様々であり、実験室によっても処理方式が異なります。したがって、ここで一律に廃棄方法を述べるわけにはいきません。それぞれの実験室の指針をよく読んでそれに従ってください。

酸・アルカリ・重金属・可燃性廃液・含ハロゲン廃液などの区分けをして容器に貯留する点は、たいていの実験室で共通です。うっかりしがちなのは、使用後の器具を洗浄した水です。基本的に2回目の洗浄液までは流さず回収するようにします。

重金属の中でも水銀に対する規制はきわめて厳しいので、特に注意して他のものと区別します。

▶▶ 排気に対する注意

有害な揮発性物質は必ず**局所排気装置**を使用しながら扱います。実験室で最も普通に使われる局所排気装置が**ドラフトチャンバー**です。

ドラフトチャンバーは右下図のように実験スペース全体を減圧にしながら実験を行える設備です。この排気の浄化装置を**スクラバー**といいますが、その方式には乾式と湿式があります。乾式スクラバーは表面積の大きい活性炭に物質を吸着させるもので、湿式スクラバーは排気を洗浄液の液滴や液膜に捕集するものです。

酸やアルカリの蒸気が発生する実験をする場合は湿式スクラバー付きドラフト内で行います。浄化装置は外から見えないので意識されにくいものですが、設置の段階で試験操作の内容を想定して機種が選ばれているはずです。性能に応じた用途を守るため、自分が使うドラフトチャンバーの浄化方式は知っておきましょう。

13-2 廃棄物の処理

廃棄物の処理

廃棄物の分類

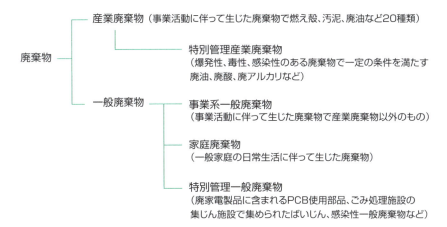

ドラフトチャンバーと湿式スクラバーの仕組み

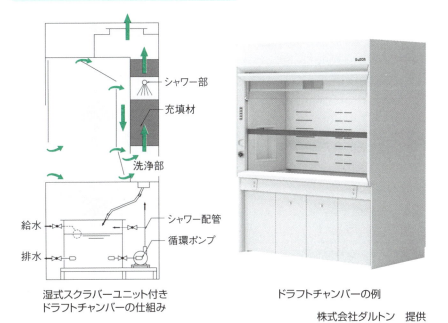

湿式スクラバーユニット付き
ドラフトチャンバーの仕組み

ドラフトチャンバーの例

株式会社ダルトン　提供

13-3
コンタミを避ける

　実際には含まれていない物質を「ある」と判断してしまうのは、化学分析で最も犯してはならない致命的な誤りです。誤判断の原因になる汚染の防止に最大限の注意を払います。

▶▶ ブランク試験を必ず行う

　微量・低濃度の分析になるほど、コンタミネーション（汚染）の可能性が高まります。分析結果に影響する汚染には大きく分けて2種類あります。分析対象物質そのものが混入する場合と、分析対象物質ではないけれど分析対象物質と同様な機器の応答を示すものが混入する場合です。後者は機器の選択性を高めたり前処理で分離したりすることで避けられますが、前者は器具やラボ内の環境を完全にクリーンに保つことによってしか防止できません。

　いずれにしても、試料と同等で分析対象物質を含まないもの（ブランク試料）を用いて**ブランク試験**（**空試験**、**ブランクラン**）を実施することで誤判定の可能性を減らすことができます。ブランク試験は**試薬ブランク**、**操作ブランク**とも呼ばれます。

　ブランク試料は測定用試料と並行して分析操作を行いますが、コンタミを避けるための特別な注意を払ってはいけません。他の試料と同様に扱って汚染の状況を把握します。

▶▶ コンタミを避けるには

　コンタミの原因を表にまとめました。

　試薬の使用と保管に当たっては、汚染物質の混入に特に注意します。器具の洗浄と保管時も同様です。特に、洗浄して乾燥した器具を扱うときは汚染させないよう気を付けます。手洗いした手は自分のハンカチで拭かずペーパータオルを使います。ファンデーションやマニキュアなどの化粧品の混入にも注意が必要です。

　履物は実験室の出入り口で履き替える仕組みがベストです。特にホコリを防ぐ必要のある場所では出入り口に粘着マットを敷くなどします。

　以上はほんの一例です。コンタミは実際に発生したときの原因究明が重要です。

13-3 コンタミを避ける

コンタミを避けるために

コンタミの要因

汚染源	汚染物質と原因	対策例
容器・器具	容器材質から金属などが溶出	金属の微量分析にはガラス容器を使わない。分析内容に応じて容器を選ぶ
	容器が前回試料・洗剤・実験室雰囲気などから汚染されている	十分な洗浄、汚染を避ける保管場所、高濃度試料用と低濃度試料用を分ける、使用直前まで酸や溶媒などに浸けておく
試薬	試薬に不純物が混入している	グレードの高い試薬の購入
	実験室雰囲気や器具からの汚染	試薬は小分けして使用する、残っても瓶に戻さず廃棄する、使用後は密栓する
水	超純水を保存中に実験室雰囲気から汚染	採水直後に使用する 噴射びんの汚染に注意する
人間	ピペットやチューブの試料液に浸かる部分に手が触れ、指先の付着物や皮脂が移行	触れてはならない部分に触れないように注意する
	ピペットを口で吸引するときや話しながらビーカーを扱うときに唾液が混入	安全ピペッターの使用、マスクの使用
	顔や爪から化粧品が混入	化粧品の種類や量を見直す
	靴に付着して土ボコリが持ち込まれる	上履きへの履き替え、粘着マット設置、清掃
実験室空気	揮発性物質、粉塵、タバコの煙による汚染（特にエバポレーター）	清掃、汚染源となる物質は局所排気装置内で使用
局所排気装置・空調	吸い込んだ空気がダクトからあふれたり汚染された空気が循環したりする	装置の性能チェック、メンテナンス
分析装置	GCのガス配管など装置の汚染	フィルターの使用
	GC及びLCのオートサンプラーが試料により汚染される	高濃度試料と低濃度試料の測定を区分する

操作上の注意の例

噴射びんは周囲の空気を吸い込んでバブリングするため汚染源になりやすい

器具は低濃度用・高濃度用を区別する

13-4
分析化学者の一員として

いったん化学分析の実務に携わったら、たとえ補助的な役割であっても分析データを生み出す一員となります。科学技術に関わる仕事への責任を自覚しましょう。

▶▶ 意図しないデータの改変に注意

今に始まったことではありませんが、時折科学者によるデータ捏造事件や企業ぐるみの製品データ偽装事件などが報道されます。一般の人たちの科学技術に対する信頼を傷付け、また、それらの誤ったデータに基づく別の実験や製品開発などの無駄なコストを生みます。誠に残念なことです。

意図的に自分の都合のよいようにデータを改変するのは言語道断ですが、無意識のうちに行ってしまうデータ改変もあり得ます。最もありがちなのは、分析法検討のための添加回収試験などで、実施者にとって望ましい値から離れた値を**外れ値**として棄却してしまうケースでしょう。外れ値の棄却法としてはDixonのQテストやGrubbs-Smirnovの方法がありますが、本書の第12章ではあえて解説しませんでした。分析化学の初学者の皆さんは、自分の判断でデータを棄却せず、上司や指導者に指示を仰ぐようにしてください。

▶▶ 人とも機器とも付き合いが大切

同じラボに勤務しているメンバーどうしでも、試薬の調製法や管理法、器具の洗浄法、分析機器の条件など、それぞれの出身校や前職で身に付けてきた流儀があるものです。できる限りSOPを作成するのが望ましいですが、日頃からラボ内のコミュニケーションを円滑に保って、分析結果に影響するような相違を発見できる環境作りも大切です。また、他人の試料液などを勝手に動かさない、装置の設定を変えない、器具、試薬がなくなりそうなら早めに補充する——といった心配りも必要です。

分析装置との付き合いは好みが分かれるものです。メーカーに提案された設定を極力変えない人もいれば、あれこれ試してみたい人もいます。ラボのルールの範囲内で、できるだけ装置を使い込むことをお勧めします。また、ユーザーが行うべきメンテナンスは確実に覚えて実施するようにします。定期点検や修理のためにサービ

13-4 分析化学者の一員として

スマンが来たときは勉強のチャンスです。できるだけ見学させてもらったり、日頃の疑問を質問したりしましょう。

化学実験室での心がけ

消耗品がなくなりそうなら早めに注文(または担当者に連絡)

分光光度計のランプ交換、GCのライナー交換などは進んで引き受ける

化学天びんの使用後には粉末がこぼれていないかチェック。必要なら清掃

装置の設定を勝手に変えない

機器と付き合う

13-5 分析格言集

分析は「縁の下の力持ち」にたとえられることが多いように、新しいものを作り出す仕事や直接人に奉仕する仕事よりも、報われた実感を得られる機会が少ないかもしれません。でも、心血を注げば得るものも大きいことに関しては、他のあらゆる仕事と同じです。

▶▶ 分析の魅力と怖さ

> 基礎的な滴定から最新の機器分析法までの、どのような分析法も、それら一つひとつが現代の化学者にとって武器庫に並んだ武器のような役割をしているのである。
>
> S.P.J.Higson

阿部芳廣ら訳「分析化学」の中の言葉。どの分析手法もそれぞれ違う原理で物質を探ります。それらを利用する経験を一つひとつ集めるのは、ロールプレイングゲームで武器を集めるのに似た楽しみがあります。この楽しさは、本書で特にいいたかった2つのことの1つです。

> とりあえず　数値の出てくる　恐ろしさ　　　　　　　　　　津村

いいたかったことのもう1つです。この内容を表す先達の言葉を見付けることができなかったので自作しました。分析機器の進歩で、いまや誰でも外見上美しいデータを簡単にプリントアウトできます。しかし、本当にそのデータは正しいのでしょうか？自動的にそれらしいデータが出るのは、非常に怖いことでもあります。外見に惑わされず、データの質を判断できるよう心がけたいものです。

▶▶ 分析の実務に関して

> まず、装置の前に座れ　　　　　　　　　　　　　　　　　土橋　均

「参考書や解説書を読んで知識や理論を身に付けることも大切だが、それよりも装置の前に座って実際に作動させる、分析する、メンテナンスをすることが、なにより大切なことだ。」作者は大阪府警科学捜査研究所で鑑定に携わってきた方です。

LC talk vol.81（2011年10月）より。

> 最初はお客さんぜんぜん来なくて、暇で暇でさ。でもその間に磨き方とかクリームとか研究しまくった。結局「暇なときにどうするか」なんだよな。　　　靴磨き

　金井真紀「世界はフムフムで満ちている　達人観察図鑑」（皓星社，2015）より。化学分析も靴磨きと同様に検体待ちの仕事ですから、忙しいときと暇なときがあります。「結局、暇なときにどうするか」。何をしますか？

> いくら、誤差を説いておいても、いつかは数値だけが残っていきます。
> 　　　　　　　　　　　　　　　　　　　　　　　　　　　　　　今北　毅

　日本分析化学会近畿支部編「はかってなんぼ　職場編」（丸善，2003）より。作者は株式会社コベルコ科研で分析をしてこられた方です。分析値は独り歩きするのが宿命。自分が出す分析値がどのような意味を持つのか考え、責任を自覚しましょう。

自然の奥深さと分析

> 世界は分けないことにはわからない。しかし分けてもほんとうにわかったことにはならない。　　　　　　　　　　　　　　　　　　　　　　　　　　　福岡伸一

　「世界は分けてもわからない」（講談社，2009）より。「生命現象を、分けて、分けて、分けて、ミクロなパーツを切り抜いてくるとき、私たちが切断しているものがプラスαの正体である。それは流れである。」常に分析の意義と限界を認識しつつ結果の解釈を。

> 測定・分析機器とはまさに、人間が自然の言葉を聞き、理解するためのメディアでもあるわけです。
> 　　　　　　　堀場製作所コーポレート・コミュニケーション室＋工作舎

　「『はかる』と『わかる』」（工作舎，2004）の一節です。目で見る光、耳で聴く風、肌に感じる水はもちろん美しいものですが、化学分析という手法を使って知覚する自然の姿は、また違う広がりをもって私たちの前に展開するのです。

参考情報

さらに詳しく学びたい方のための情報源をまとめました。

分析機器の原理や使い方については各メーカー主催のセミナーなどで最新テキストが配布されています。開催地が遠くて参加できなくても、請求すれば資料を送付してもらえる場合があります。オンラインセミナーやウェブ上の解説ページも増加しています。

JISは日本工業標準調査会のウェブサイトで無料閲覧できます。ただしプリントアウトしたりファイルとして保存したりすることはできません。各規格の印刷物またはPDFは日本規格協会から発売されています。同協会「JISハンドブック49化学分析」は約2,000ページの書籍で、主要な分析機器や基礎用語の規格が収録されて毎年発行されています。

日本薬局方は5年ごとに改訂され、全文が厚生労働省のウェブサイトで無料公開されています。

★はウェブ上で無料公開されている文書です。必要な場合は本書HPにリンクリストを掲載しておきますので、そこからたどるか、検索してください。

1. 各分野の学習のためのおすすめ情報

★ JIS K 0211:2013　分析化学用語（基礎部門）
★ 国際度量衡局（編）、産業技術総合研究所計量標準総合センター（訳・監修）「国際文書第8版　国際単位系（SI）日本語版」（産業技術総合研究所計量標準総合センター、2006）
★ 厚生労働省「第17改正　日本薬局方」（2016）
　 数研出版『改訂版　視覚でとらえるフォトサイエンス化学図録』（数研出版、2013）
　 平井昭司（編・著）『実務に役立つ！基本から学べる分析化学』（ナツメ社、2012）
　 中田宗隆『なっとくする機器分析』（講談社、2007）
★ JIS K 0212:2007　分析化学用語（光学部門）
★ JIS K 0115:2004　吸光光度分析通則
★ JIS K 0120:2005　蛍光光度分析通則
　 日本分析化学会（編）、井村久則ら（著）『分析化学実技シリーズ　吸光・蛍光分析』（共立出版、2011）
★ JIS K 0117:2000　赤外分光分析方法通則
★ JIS K 0134:2002　近赤外分光分析通則
★ JIS K 0137:2010　ラマン分光分析通則
★ JIS K 0121:2006　原子吸光分析通則
　 日本分析化学会（編）、太田清久ら（著）『分析化学実技シリーズ　原子吸光分析』（共立出版、2011）
　 日本分析化学会（編）、千葉光一ら（著）『分析化学実技シリーズ　ICP発光分析』（共立出版、2013）

- ★ JIS K 0119:2008　蛍光X線分析通則
  日本分析化学会（編）、河合 潤（著）『分析化学実技シリーズ 蛍光X線分析』（共立出版、2012）
- ★ JIS K 0131:1996　X線回折分析通則
- ★ JIS K 0132:1997　走査電子顕微鏡試験方法通則
  奥 健夫『これならわかる電子顕微鏡 マテリアルサイエンスへの応用』（化学同人、2004）
  志田保夫ら『これならわかるマススペクトロメトリー』（化学同人、2001）
  日本質量分析学会『マススペクトロメトリー関係用語集 第3版』（日本質量分析学会、2009）
- ★ JIS K 0133:2007　高周波プラズマ質量分析通則
  日本分析化学会（編）、田代 充ら（著）『分析化学実技シリーズ NMR』（共立出版、2009）
- ★ JIS K 0214:2013　分析化学用語（クロマトグラフィー部門）
- ★ JIS K 0114:2012　ガスクロマトグラフィー通則
  日本分析化学会ガスクロマトグラフィー研究懇談会（編）、保母敏行ら（監修）『ガスクロ自由自在Q&A 準備・試料導入編』『同 分離・検出編』（丸善、2007）
- ★ JIS K 0123:2006　ガスクロマトグラフィー質量分析通則
- ★ JIS K 0124:2011　高速液体クロマトグラフィー通則
- ★ JIS K 0136:2015　高速液体クロマトグラフィー質量分析通則
  中村 洋（監修）、日本分析化学会（編）『LC/MS,LC/MS/MSの基礎と応用』（オーム社、2014）
- ★ JIS K 0127:2013　イオンクロマトグラフィー通則
- ★ JIS K 3813:2003　キャピラリー電気泳動分析通則
- ★ JIS K 0213:2014　分析化学用語（電気化学部門）
- ★ JIS K 0130:2008　電気伝導率測定方法通則
  日本分析化学会（編）、木原壯林ら（著）『分析化学実技シリーズ 電気化学分析』（共立出版、2012）
- ★ 厚生労働省医薬食品局食品安全部長「食品中の放射性物質の試験法について」食安発０３１５第４号平成２４年３月１５日（2012）
- ★ JIS Z 8401:1999　数値の丸め方
  丹羽 誠『これならわかる化学のための統計手法—正しいデータの扱い方』（化学同人、2008）
  化学同人編集部（編）『実験を安全に行うために 第7版』（化学同人、2006）

2. この本を書くために参考にした情報（1以外）

※巻末コラム含む。図中に引用元を示したものについては省略。

【全般】
日本規格協会『JISハンドブック49化学分析』（日本規格協会、2016）

【第1章　分析化学の世界へようこそ】
阪上 孝ら『＜はかる＞科学 計・測・量・謀…はかるをめぐる12話』（中央公論新社、2007）

【第2章 基本の化学と試薬・器具】
★ JIS K 0557:1998 用水・排水の試験に用いる水
★ 関東化学（株）『試薬に学ぶ化学分析技術』（ダイヤモンド社、2009）
　林 英男「話題 ISOに準拠した全量ピペット」ぶんせき, **2015**, 545 (2015)
★ スーパーカミオカンデ、LIGO、KAGRA 各ウェブサイト

【第3章 試料採取と前処理】
★ JIS K 0216:2014 分析化学用語（環境部門）
　日本農薬学会『残留農薬分析 知っておきたい問答あれこれ 改訂3版』（日本農薬学会、2012）
　相良 紘『そこが知りたい化学の話 分離技術』（日刊工業新聞社、2008）
　ジーエルサイエンス（株）『固相抽出ガイドブック』（まむかいブックスギャラリー、2012）

【第4章 基礎的な検出・定量法】
★ ロシュ・ダイアグノスティック（株）「Comburテスト」添付文書（2011）他添付文書

【第5章 分子分光分析】
　日本分析化学会近畿支部（編）『ベーシック 機器分析化学』（化学同人、2008）
　日本分光学会（編）『赤外・ラマン分光法（分光測定入門シリーズ6）』（講談社、2009）
　中西香爾ら『赤外線吸収スペクトル─定性と演習』（南江堂、1989）

【第6章 原子分光分析】
　上本道久（監修）、日本分析化学会関東支部（編）『ICP発光分析・ICP質量分析の基礎と実際─装置を使いこなすために』（オーム社、2008）

【第7章 X線・電子線を使う分析】
　中井泉（編）、日本分析化学会X線分析研究懇談会（監修）『蛍光X線分析の実際』（朝倉書店、2005）
　SPring-8、SACLA 各ウェブサイト

【第8章 質量分析とNMR】
　日本分析化学会（編）、田尾博明ら（著）『分析化学実技シリーズ 誘導結合プラズマ質量分析』（共立出版、2015）
　E. J. Hawsら（著）、竹内敬人（訳）『プログラム学習 NMR入門』（講談社、1977）
　楠見武徳『テキストブック 有機スペクトル解析─1D,2D NMR・IR・UV・MS─』（裳華房、2015）
★ 畠山史郎「大気汚染物質の化学と分析」ぶんせき, **2015**, 425 (2015)
　高見昭憲「粒子状物質の化学組成とその構造に関する分析」ぶんせき, **2015**, 434 (2015)

【第9章　分離分析】
　中村 洋（企画・監修）、日本分析化学会液体クロマトグラフィー研究懇談会（編）『LC/MS, LC/MS/MSのメンテナンスとトラブル解決』（オーム社、2015）
　日本分析化学会イオンクロマトグラフィー研究懇談会（編）、田中一彦（編）『役にたつイオンクロマト分析』（みみずく舎、2009）
★みずほ情報総研株式会社「平成26年度製造基盤技術実態調査　ヘリウムの世界需給に関する調査」（2015年2月）
　A. H. Tullo, "A solvent dries up", *Chem. Eng. News*, Nov. 24（2008）

【第10章　電気化学分析】
　大堺利行ら『ベーシック 電気化学』（化学同人、2000）
　建部千絵ら『進歩総説 食品添加物の分析法』*ぶんせき*, **2016**, 19（2016）
★小林千種ら「HPLCによる食品中のスクラロースの分析法」*食品衛生学雑誌*, **42**, 139（2001）

【第11章　放射性物質の分析】
　日本アイソトープ協会『放射線取扱の基礎―第1種放射線取扱主任者試験の要点　7版増補版』（日本アイソトープ協会、2015）
★厚生労働省「食品中の放射性セシウムスクリーニング法」2012年3月1日改正・発表
★文部科学省「放射能測定シリーズ24　緊急時におけるガンマ線スペクトロメトリーのための試料前処理法」平成4年（1992）

【第12章　データ処理と品質保証】
　実務教育研究所『現代統計実務講座 テキストⅠ』「同Ⅱ」（実務教育研究所、2000）
　化学同人編集部（編）『実験データを正しく扱うために』（化学同人、2007）
　上本道久『分析化学における測定値の信頼性』（日刊工業新聞社、2013）
★JIS Z 8402-1:1999　測定方法及び測定結果の精確さ（真度及び精度）－第1部：一般的な原理及び定義
★JIS Z 8402-2:1999　測定方法及び測定結果の精確さ（真度及び精度）－第2部：標準測定方法の併行精度及び再現精度を求めるための基本的方法
★「胆管がん問題を踏まえた化学物質管理のあり方に関する専門家検討会報告書」平成25年10月（2013）
★「印刷事業場で発生した胆管がんの業務上外に関する検討会報告書　化学物質ばく露と胆管がん発症との因果関係について」平成25年3月（2013）
★日本経済新聞ウェブサイト「胆管がん問題、被害者全員と和解　大阪の印刷会社」2014年10月22日付

【第13章　ラボの常識と化学分析の極意】
　平井昭司（監修）、日本分析化学会（編）『現場で役立つ化学分析の基本技術と安全』（オーム社、2014）

索引
INDEX

あ行

アーティファクト	78
アセトニトリル-ヘキサン分配	68
値付け	238
アナライト	54
アノード	192
安全データシート	248
イオン化傾向	34
イオン感応膜	198
イオンクロマトグラフィー	184
イオン交換樹脂	71,184
イオンサプレッション	182
イオントラップ型	146
イオンペア試薬	176
イソクラティック溶離	176
一元配置の分散分析	236
移動相	160
イムノアッセイ	80
インクリメント	56
ウインクラー・アジ化ナトリウム法	86
受用器具	44
液液抽出	68
液体クロマトグラフィー	160,174
液体クロマトグラフィー質量分析	180
液滴回収法	66
エネルギー分解能	138
エネルギー分散型	132
エレクトロスプレーイオン化	144
エレクトロフェログラム	188
炎光光度分析	116
炎色反応	116
遠心エバポレーター	72
エンドキャッピング	176
オージェ電子	128
重み付け	230

か行

カイザー	106
回折	134
回折格子	100,140
外標準法	162
壊変	206
化学イオン化	144
化学シフト	156
化学種	10
拡散反射法	108
核種	206
拡張不確かさ	240
可視光線	100
ガスクロマトグラフィー	160,164
ガスクロマトグラフィー質量分析	170
ガス検知器	88
ガス重量分析	84
カソード	192
活量(係数)	26
加熱気化法	120
空試験	254
還元	34
還元気化法	120
還元蒸留	74
乾式灰化	62
緩衝液	30
緩衝能	30
感度	14
官能試験	80
管理限界	242
管理サンプル	242
管理図	242
緩和	154
基準ピーク	142
帰属	156
技能試験	242
逆相分配	176
逆抽出	68
キャピラリーカラム	164
キャピラリーゾーン電気泳動	188
キャリヤーガス	164
吸光光度分析法	100
吸光度	98
強制規格	244
共通イオン効果	36
局所排気装置	252
極性	38
極大吸収波長	102
許容誤差	44,218
キレート	32
近赤外分光	110
金属イオンの系統分析	82
空間分解能	138
偶然誤差	228
屈折率	88
クデルナ-ダニッシュ濃縮器	72
グラジエント溶離	176
グラファイトファーネス原子化法	118
繰り返し性	236
グレーティング	100
クロマトグラフ	160
クロマトグラフィー	160
クロマトグラム	160
蛍光検出器	178
蛍光分析	104
蛍光X線	128
計算精密質量	150

系統誤差	228
計量標準	238
決定係数	230
ゲル浸透クロマトグラフィー	76
けん化価	88
原子吸光法	116, 118, 120
検出限界	14, 232
検知管	80
顕微法	108
検量線	220, 230
高圧ガス保安法	250
校正	50, 198, 238
合成標準不確かさ	240
高速液体クロマトグラフィー	174
光電効果	128
光電子増倍管	100
高分解能質量分析	150
光量子	94
固液平衡	36
国際キログラム原器	17
国際単位系	16
国際標準	238
誤差（の伝播）	228
固相抽出	70
国家標準	238
固定相	160
コリジョン・リアクションセル	152
コンタミ	24
コンディショニング	70, 164
コンプトン散乱	128
コンポジット試料	56

さ行

サーベイメータ	212
再結晶	36, 64
最小二乗法	230
錯体	32
サプレッサ法	184
酸化	34
酸解離定数	30
酸化還元対	196
酸化数	34
参照電極	197
酸素計	90
三点比較式臭袋法	80
サンプリング	56
散乱	128
シーケンシャル型	124
ジーメンス	194
紫外・可視分光分析	100
磁気モーメント	154
試行	236
示差屈折率検出器	178
指示薬	86
四重極型	146
室間再現精度	236
湿式分解	62
室内精度	234, 236

質量分析	142
質量分離法	146
磁場型	146
四分法	60
指紋領域	108
試薬ブランク	254
重量分析	84
重量法	44
熟成	84
縮分	56
純水	46
順相	175, 176
純物質系標準物質	238
衝突誘起解離	180
除たんぱく	64
試料	56
シングルマス	180
シンチレーション検出器	212
真度	228
真の値	228
水蒸気蒸留	74
水素化物発生法	120
水素結合	38
水和	26
スキャン	170
ストリッピングボルタンメトリー	202
スピン-スピン相互作用	156
スプリット法	166
スプリットレス法	166
スペクトル	96
スペクトル干渉	152
スペクトロメトリー	96
精確さ	228
正規分布	224
整数質量	150
精度	228
精度管理	242
精密質量	150
精油定量器	74
赤外分光	106
絶対検量線法	162
接頭語	18
セパレーター	170
全イオン電流クロマトグラム	172
選択イオン検出	172
選択性	14
選択反応検出	182
全反射測定法	108
全量導入法	166
線量当量	210
相関係数	230
走査型電子顕微鏡	136
操作ブランク	254
相対標準偏差	226
総量分析	88
測定精密質量	150
組成標準物質	238
ソックスレー抽出	66

資料索引

た行

大気圧化学イオン化	144
ダイナミックレンジ	146
出用器具	44
妥当性確認	234
探知犬	80
タンデム質量分析計	146,180
チャージアップ	136
抽出イオンクロマトグラム	172
超高速液体クロマトグラフィー	174
超純水	46
超臨界メタノール	66
超臨界流体クロマトグラフィー	186
超臨界流体抽出	66
直線性	230
沈殿重量分析	84
沈殿平衡	36
ディーンスターク蒸留装置	74
呈色反応	80
定性	14
低分解能質量分析	150
定量(下限・上限・範囲)	14,232
テーリング	162
デカンテーション	64
滴定	86
滴定曲線	200
電位差	196
電解質	26
電解重量分析	84
電気陰性度	38
電気化学検出器	178
電気加熱原子化法	118
電気浸透流	188
電気伝導度検出器	184,194
電気伝導率	194
電極	192
電子イオン化	144
電子天びん	50
電磁波	94,96,134
電子プローブマイクロアナライザ	138
転溶	70
電離箱	212
電量滴定	200
同位体比質量分析	149
統一原子質量単位	148
透過	128
透過型電子顕微鏡	136
等価線量	210
透析	76
同定	14
導電率	194
導電率計	88
糖度計	88
特異性	14
特性X線	130
突沸	72
トムソン散乱	128

| ドラフトチャンバー | 252 |

な行

内標準物質	162
内標準法	162
軟X線	128
二酸化炭素計	90
二次元NMRスペクトル	156
二次電子	136
日本工業規格	20,22
日本薬局方	20,22
任意規格	244
認証	244
認証標準物質	238
ネガティブコントロール	242
ネルンスト式	196
ノミナル質量	150
ノンサプレッサ法	184

は行

パージ・トラップ法	74
配位結合	32
配位子	32
配向	154
ハイブリッド質量分析計	146
破壊型	54
薄層クロマトグラフィー	186
波数	106
外れ値	256
波長分解能	138
波長分散型	132
パックドカラム	164
発光分析法	116
バッチ	56
バリデーション	22,234
バルク	78
半減期	206
半反応	196
ピーク	160
光散乱法	88
飛行時間型	146
非破壊型	54
ビュレット	86
標準液	220
標準作業手順書	22
標準水素電極	196
標準添加法	220
標準不確かさ	240
標準物質	238
標準偏差	224
標定	86
標本	226
品質管理	242
非SI単位	19
ファーネス原子化法	118
ファクター	86
ファラデーの法則	200
ブーゲの法則	98

フーリエ変換	114
フォトダイオードアレイ検出器	178
不確かさ	228, 240
不偏分散	226
フラグメントイオン	142, 180
プラズマ	122
ブラッグ反射の条件式	134
ブランク試験(ラン)	254
プリカーサーイオン	180
フレーム原子化法	118
プローブ	78
プロダクトイオン	180
プロトンジャンプ機構	194
分光	96
分光結晶	132
分光光度計	100
分散	226
分取クロマトグラフィー	76
分析種	54
分銅	50
分配係数	40
分配平衡	40
粉末X線回折	134
併行精度	234, 236
ペースト法	108
ベースピーク	142
ベースライン	160
ヘキサポール	180
ヘッドスペース法	74
変動係数	226
包含係数	240
放射性セシウム	208
放射性同位元素	208
放射能	206
飽和	36, 154
保持時間	160
ポジティブコントロール	242
母集団	56, 226
ポテンシオスタット	202
母分散	226
ホモジナイザー	66
ボルタモグラム	202

ま行

マイクロシリンジ	44, 167
マイクロ波抽出	62
マイクロピペット	44
マイクロ流体チップ	76
前処理	54
マス	78
マススペクトル	142
マトリックス	54
マトリックス効果	182
マトリックス支援レーザー脱離イオン化	144
マリネリ容器	214
丸めの規則	218
ミセル動電クロマトグラフィー	188
メイクアップガス	168

メソッドバリデーション	234
メニスカス	44
モディファイアー	186
モニタリングポスト	212
モノアイソトピック質量	150
モル吸光係数	98

や行

有機元素分析	90
有効数字	218
融点	90
誘導結合プラズマ発光分析	122
溶液	26
溶解度	36
溶解度積	36
溶質	26
よう素価	88
溶存酸素	86
溶媒	26
溶媒和	26
容量滴定	200
容量分析	86
呼び容量	44

ら行

ライブラリーサーチ	172
ラボ	24
ラマン分光	112
ラン	236
ランバート-ベアーの法則	98
リーディング	162
リスクアセスメント	250
リテンションタイム	160
粒子状物質	58
量子化	94
量子収率	104
理論段数	162
理論段高さ	162
るつぼ	62
レイリー散乱	112, 128
ロータリーエバポレーター	72
濾過	76
ロット	56

アルファベット

F検定	234
Ge半導体検出器	212
GM計数管	212
KBr錠剤法	108
KD濃縮器	72
Na(Tl)シンチレーション検出器	212
$PM_{2.5}$	158
QCサンプル	242
SPring-8	132
t検定	234
z値	242

資料索引

略語集

分析手法と分析装置の双方に対応する略語がある場合は原則として分析法を優先して記載した。

	略語	英語名	日本語名	掲載頁
A	AAS	Atomic Absorption spectrometry	原子吸光法	118
	APCI	Atmospheric Pressure Chemical Ionization	大気圧化学イオン化	144
	ATR	Attenuated Total Reflection	全反射吸収スペクトル法	108
B	BOD	Biochemical Oxygen Demand	生物化学的酸素要求量	89
C	CE	Capillary Electrophoresis	キャピラリー電気泳動	188
	CI	Chemical Ionization	化学イオン化	144
	CID	Collision Induced Dissociation	衝突誘起解離	180
	COD	Chemical Oxygen Demand	化学的酸素要求量	89
	CV	Coefficient of Variation	変動係数	226
	CZE	Capillary Zone Electrophoresis	キャピラリーゾーン電気泳動	188
D	DAD	Diode Array Detector	ダイオードアレイ検出器	178
	DART	Direct Analysis in Real Time	リアルタイム直接分析	144,186
	DO	Dissolved Oxygen	溶存酸素量	86
E	ECD	Electron Capture Detector	電子捕獲検出器	169
		ElectroChemical Detector	電気化学検出器	179
	EDS, EDX	Energy Dispersive X-ray Spectrometry	エネルギー分散X線分光法	132
	EDTA	EthyleneDiamineTetraAcetic acid	エチレンジアミン四酢酸	32
	EI	Electron Ionization	電子イオン化	144
	ELSD	Evaporative Light Scattering Detector	蒸発光散乱検出器	178
	EOF	ElectroOsmotic Flow	電気浸透流	188
	EPMA	Electron Probe Micro Analyzer	電子プローブマイクロアナライザー	138
	ESI	ElectroSpray Ionization	エレクトロスプレーイオン化	144
F	FID	Flame Ionization Detector	水素炎イオン化検出器	168
	FPD	Flame Photometric Detector	炎光光度検出器	168
	FT	Fourier Transform	フーリエ変換	114
G	GC	Gas Chromatography	ガスクロマトグラフィー	164
	GC-MS	Gas Chromatograph Mass Spectrometer	ガスクロマトグラフ質量分析装置	170

	略語	英語名	日本語名	掲載頁
	GFP	Green Fluorescent Protein	緑色蛍光たんぱく質	104
	GHS	Globally Harmonized System of Classification and Labelling of Chemicals	化学品の分類および表示に関する世界調和システム	250
	GLP	Good Laboratory Practice	優良試験所規範	244
	GPC	Gel Permiation Chromatography	ゲル浸透クロマトグラフィー	76
	GUM	Guide to the Expression of Uncertainty in Measurement	計測における不確かさの表現のガイド	240
H	HILIC	HydrophILic Interaction Chromatography	親水性相互作用クロマトグラフィー	175
	HPLC	High Performance Liquid Chromatography	高速液体クロマトグラフィー	174
I	IC	Ion Chromatography	イオンクロマトグラフィー	184
	ICP-AES	Inductively Coupled Plasma-Atomic Emission Spectrometer	誘導結合プラズマ発光分光分析装置	122
	ICP-MS	Inductively Coupled Plasma-Mass Spectrometer	誘導結合プラズマ質量分析計	152
	ICP-OES	Inductively Coupled Plasma-Optical Emission Spectrometer	誘導結合プラズマ発光分光分析装置	122
	ICRU	International Commission on Radiation Units and Measurement	国際放射線単位測定委員会	211
	IR	InfraRed Spectrometry	赤外分光法	106
	IR-MS	Isotope Ratio Mass Spectrometry	同位体比質量分析	149
	ISO	International Organization for Standardization	国際標準化機構	244
J	JCSS	Japan Calibration Service System	計量標準供給制度	50,238
	JIS	Japanese Industrial Standards	日本工業規格	20,22
L	LC	Liquid Chromatography	液体クロマトグラフィー	174
	LC-MS	Liquid Chromatograph Mass Spectrometer	液体クロマトグラフ質量分析装置	180
	LOD	Limit Of Detection	検出限界	232
	LOQ	Limit Of Quantitation	定量限界	232
M	MALDI	Matrix-Assisted Laser Desorption Ionization	マトリックス支援レーザー脱離イオン化	144
	MEKC	Micellar ElectroKinetic Chromatography	ミセル動電クロマトグラフィー	188
	MS	Mass Spectrometry	質量分析	142
N	NIR	Near InfraRed Spectrometry	近赤外分光法	110
	NIST	National Institute of Standards and Technology	国立標準技術研究所(米国)	142,172
	NMR	Nuclear Magnetic Resonance	核磁気共鳴法	154

	略語	英語名	日本語名	掲載頁
O	ODS	OctaDecylSilanized	オクタデシルシリル化	176
	OIML	International Organization of Legal Metrology	国際法定計量機関	50
P	PDA	PhotoDiode Array	フォトダイオードアレイ	178
	PM	Particulate Matter	粒子状物質	158
Q	QC	Quality Control	品質管理	242
	QP	QuadruPole	四重極	146
R	RSD	Relative Standard Deviation	相対標準偏差	226
S	SN比	Signal to Noise Ratio	シグナル-ノイズ比	232
	SDS	Sodium Dodecyl Sulfate	ドデシル硫酸ナトリウム	182
		Safety Data Sheet	安全データシート	248
	SEM	Scanning Electron Microscope	走査型電子顕微鏡	136
	SFC	Supercritical Fluid Chromatography	超臨界流体クロマトグラフィー	186
	SHE	Standard Hydrogen Electrode	標準水素電極	196
	SI	The International System of Units	国際単位系	16
	SIM	Selected Ion Monitoring	選択イオン検出	172
	SOP	Standard Operating Procedure	標準作業手順書	22
	SPM	Suspended Particulate Matter	浮遊粒子状物質	88
	SRM	Selected Reaction Monitoring	選択反応検出	182
T	TCD	Thermal Conductivity Detector	熱伝導度検出器	168
	TEM	Transmission Electron Microscope	透過電子顕微鏡	136
	TFA	TriFluoroAcetic	トリフルオロアセチル(基)	168
	TICC	Total Ion Current Chromatogram	全イオン電流クロマトグラム	172
	TIM	Total Ion Monitoring	全イオン検出	170
	TLC	Thin Layer Chromatography	薄層クロマトグラフィー	186
	TMS	TriMethylSilyl	トリメチルシリル(基)	168
	TOC	Total Organic Carbon	全有機炭素量	88
	TOD	Total Oxygen Demand	全酸素要求量	89
	TOF	Time Of Flight	飛行時間法	146
U	UHPLC	Ultra-High Performance Liquid Chromatography	超高速液体クロマトグラフィー	174
	UV-VIS	UltraViolet-VISible spectrometry	紫外可視分光法	100
W	WDS, WDX	Wavelength Dispersive X-ray Spectrometry	波長分散X線分光法	132
X	XRD	X-Ray Diffractometry	X線回折法	134
	XRF	X-Ray Fluorescence Spectrometry	蛍光X線分光法	129

おわりに

最後まで読んでいただきありがとうございました。

この本を書くに当たり、元岐阜薬科大学教授 河合 聡先生、国立研究開発法人産業技術総合研究所 馬場照彦先生、地方独立行政法人大阪市立工業研究所 河野宏彰先生、株式会社住化分析センター 松岡康子先生、株式会社シー・アール・シー食品環境衛生研究所 小川真一先生、東海コープ事業連合商品検査センター技術顧問 斎藤 勲先生、高槻市水道部浄水管理センター 中村優美子先生、京都工芸繊維大学大学院工芸科学研究科 前田耕治先生、京都大学大学院農学研究科 加納健司先生、甲南大学理工学部 山本雅博先生、大阪府立公衆衛生研究所 阿久津和彦先生、日本化薬株式会社医薬研究所 丹羽 誠先生にそれぞれ一部を査読していただきました。この場を借りて御礼申し上げます。

貴重な図版を提供いただいた企業・公的機関・個人の皆様に厚く御礼申し上げます。

この本の企画・製作を終始手がけていただいた株式会社秀和システム第一出版編集部に深く感謝します。

内容には留意しておりますが、私の力不足から不十分または不正確な点があろうかと思います。お気づきの点があればお知らせいただきますようお願いします。

2016年5月　津村ゆかり

yukari.tsumura@nifty.com

● 著者紹介

津村　ゆかり（つむら・ゆかり）

京都大学大学院薬学研究科修士課程修了。薬剤師、薬学博士、第1種放射線取扱主任者免状。1987～2003年、国立医薬品食品衛生研究所大阪支所勤務（食品試験部主任研究官）、2003年より近畿厚生局麻薬取締部及び同神戸分室勤務（鑑定官）、2015年より東海北陸厚生局麻薬取締部勤務（鑑定課長）。薬物事件で押収される覚せい剤、大麻、麻薬や被疑者の尿の分析などに携わる。著書に「すべて分析化学者がお見通しです！－薬物から環境まで微量でも検出するスゴ腕の化学者」（技術評論社、2011、共著）など。

WEBサイト「津村ゆかりの分析化学のページ」
http://www5e.biglobe.ne.jp/~ytsumura/

本文イラスト　えだ雀
　　　　　　　神北恵太
　　　　　　　前田達彦

図解入門　よくわかる
最新分析化学の基本と仕組み [第2版]

発行日	2016年 5月30日	第1版第1刷
	2024年 2月29日	第1版第10刷

著　者　津村 ゆかり

発行者　斉藤　和邦
発行所　株式会社　秀和システム
　　　　〒135-0016
　　　　東京都江東区東陽2-4-2　新宮ビル2F
　　　　Tel 03-6264-3105（販売）Fax 03-6264-3094
印刷所　三松堂印刷株式会社　　　Printed in Japan

ISBN978-4-7980-4650-1 C3043

定価はカバーに表示してあります。
乱丁本・落丁本はお取りかえいたします。
本書に関するご質問については、ご質問の内容と住所、氏名、電話番号を明記のうえ、当社編集部宛FAXまたは書面にてお送りください。お電話によるご質問は受け付けておりませんのであらかじめご了承ください。